这才是孩子爱看的
疯狂新科技

1 航空航天

新新世纪◎编著

航空工业出版社
北京

内 容 提 要

这是一套适合7岁以上孩子看的科技启蒙图画书。本书共有4册，每册选取最有远见性、代表性的前沿科技为主题，分别为航空航天、生命科学、新能源与新材料、信息科技。每册以科学的体例、简洁的语言、有趣的知识点、生动的插图，让孩子从小爱上科学，拥有探索科学的勇气，提高自身的进取精神、创新能力和学习能力。

图书在版编目（CIP）数据

这才是孩子爱看的疯狂新科技．航空航天 ／ 新新世纪编著．-- 北京 ：航空工业出版社 ，2023.12
ISBN 978-7-5165-3529-5

Ⅰ．①这… Ⅱ．①新… Ⅲ．①航空－少儿读物②航天－少儿读物 Ⅳ．① N49

中国国家版本馆 CIP 数据核字 (2023) 第 197416 号

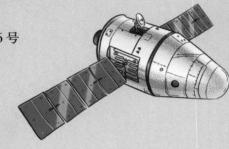

这才是孩子爱看的疯狂新科技·航空航天
Zhecaishi Haizi Aikande Fengkuang Xinkeji · Hangkong Hangtian

航空工业出版社出版发行
（北京市朝阳区京顺路 5 号曙光大厦 C 座四层　100028）
发行部电话：010-85672688　010-85672689

三河市双升印务有限公司印刷　　　　全国各地新华书店经售
2023 年 12 月第 1 版　　　　　　　2023 年 12 月第 1 次印刷
开本：710×1000　1/16　　　　　　字数：10 千字
印张：4　　　　　　　　　　　　　定价：148.00 元（全 4 册）

目录

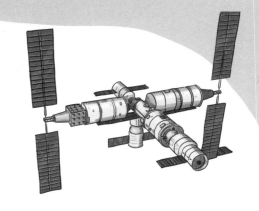

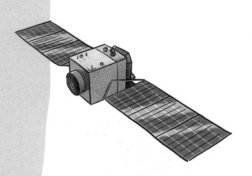

什么是隐形飞机?

漫画剧场

各种隐形飞机

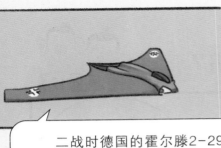

二战时德国的霍尔滕2-29轰炸机，是世界上第一种隐形飞机。

F-117是世界上第一种参加实战的隐形战斗机。

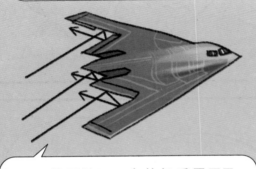

美国的B-2轰炸机采用了飞翼造型，尾部的锯齿造型可以让雷达波出现散射。

中国的歼20，美国的F-22、F-35，是现代隐形飞机的代表。

隐形飞机为什么能隐形？

❶采用内置弹舱，减少外挂，减少雷达反射面积。

❷采取各种手段，降低红外特征。例如，给某些高温部件强制降温、减少尾焰的红外辐射波长等。

❸采用翼身融合技术和不规则外形，让雷达发射的电磁波出现不规则的反射，减少雷达能接受的反射信号。

❹表面采用吸波材料，能够吸收一部分雷达发射的电磁波，减少电磁波的反射。

发射机 ➡ 收发开关 ➡ 接收机

知识链接

小朋友，你知道雷达是模仿哪种动物发明的吗？

答案：蝙蝠

4

无人机惹祸啦

温馨提示　放飞无人机需要遵守所在地区的相关规定。

5

四旋翼无人机是怎么飞行的?

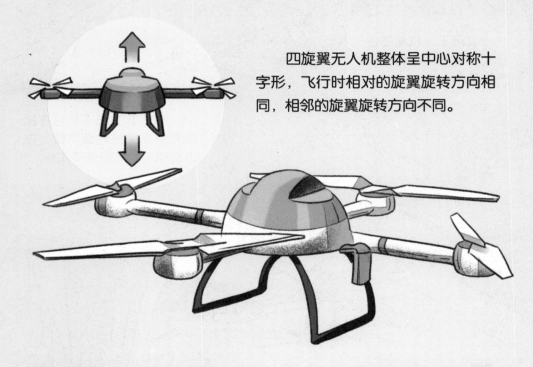

四旋翼无人机整体呈中心对称十字形，飞行时相对的旋翼旋转方向相同，相邻的旋翼旋转方向不同。

蓝色箭头代表电机转速，红色箭头代表无人机飞行方向，绿色箭头代表旋翼旋转方向。

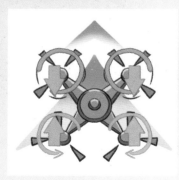  

当前方两个电机减速，后方两个电机加速，机身会向前倾斜，带动无人机向前飞行。反之无人机会向后飞行。

降低左方两个电机的转速，提高右方两个电机的转速，无人机就会向左飞行。反之就会向右飞行。

顺时针旋转的旋翼减速，逆时针旋转的旋翼加速，无人机会顺时针旋转。反之，无人机就会逆时针旋转。

月球探险

人类探月的历史

人类自古以来就对月球充满着好奇，近距离探索月球开始于20世纪50年代末。

> 1966年2月3日，苏联月球9号探测器率先在月球表面实现了软着陆。这是人类首次在其他天体上实现软着陆。

知识链接

为什么月球总是正面对着地球？

月球自转速度和围绕地球公转周期基本相同，都是27.32日，当月球绕地球公转一定角度时，自身也自转了相同的角度，这就导致月球总是正面对着地球。

"嫦娥"探月工程

中国的"嫦娥"探月工程，分为"绕落回"三个步骤，目前已经成功发射嫦娥1号～5号月球探测器，顺利地完成了"三步走"，下一步将实现载人登月。

嫦娥5号月球探测器于2020年11月24日发射升空，不久后在月面着陆。完成采样后从月面起飞，并于12月17日携带月壤样品成功返回地球。

嫦娥1号于2007年10月24日发射。在完成各项科学实验后，于2009年3月1日受控撞击月球表面。

嫦娥2号于2010年10月1日发射。完成预定任务后飞离月球开展深空探测，于2012年12月13日与4179号小行星交会并拍摄了小行星的照片。

嫦娥4号于2018年12月8日发射，不久之后在月球背面着陆，并释放玉兔2号月球车。这是世界首次实现月球背面及高纬度区域软着陆和巡视勘察，也是首次实现月背与地球的中继通信。

嫦娥3号于2013年12月2日发射，14日在月面软着陆，并于次日释放玉兔1号月球车进行月面巡视。

知识链接

月球上有很多像碗一样的圆形凹坑，被称为环形山。关于环形山的形成，有观点认为是陨石撞击的结果，也有人认为是岩浆喷射的结果。

我看到空间站了

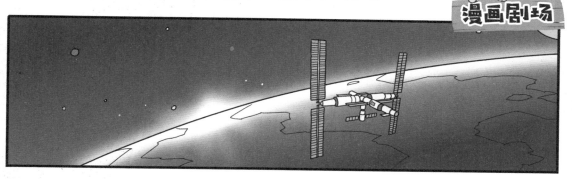

第一次在宇宙空间中活动，感觉眼界都变大了。

在太空中进行天文观测，人类的视野更开阔了。

我看到天宫空间站了！

真想到太空中去看一看。

13

"梦天"实验舱主要进行微重力科学研究，并具有在轨释放微小卫星的能力。

空间站是一种在近地轨道长时间运行、可供多名航天员长期工作和生活的载人航天器。"天宫"空间站是中国自行研制的空间站。除进行各项空间科学和技术实验外，还具有在轨释放微小卫星、在轨维修"巡天"空间望远镜的能力。

空间站真壮观

"天舟"货运飞船用于为空间站运输货物和加注燃料。

"天和"核心舱是空间站管理和控制中心。

"问天"实验舱中除科研仪器外，还有供航天员生活的设施，可以与"天和"核心舱共同支持6名航天员的生活。该舱配有供航天员出舱的气闸舱，舱外配备了小型机械臂，为航天员的舱外活动提供方便。

"神舟"系列载人飞船主要由推进舱、轨道舱、返回舱等组成，可搭载3名航天员。

各国空间站的发展

"礼炮"系列空间站是苏联于1971—1982年发射的实验型空间站，先后有7座"礼炮"空间站发射升空。

"和平"号空间站由苏联于1986—1996年建造，实际在轨运行15年，先后有100余位航天员造访。2001年3月23日受控坠落于南太平洋预定海域。

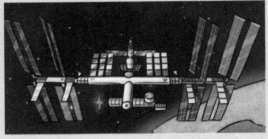

国际空间站建设于1998—2010年，由美国、俄罗斯、日本、加拿大、巴西和欧洲航天局联合建造，最多曾容纳13名航天员，预计服役到2035年。

"天空实验室"号空间站是美国于1973年发射的实验型空间站，在轨运行2240余天。

火星遇险

飞向火星——"天问一号"火星探测器

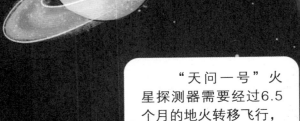

"天问一号"火星探测器需要经过6.5个月的地火转移飞行，才能到达火星附近。

2020年7月23日，"天问一号"火星探测器发射升空，进入地火转移轨道。

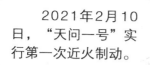

2021年2月10日，"天问一号"实行第一次近火制动。

"天问一号"进行约14天的轨道调整。

"天问一号"着陆巡视组合体和环绕器分离，环绕器继续在轨进行对火星的探测，并担负通信中继任务。

着陆巡视组合体的降落速度降至3马赫（1马赫≈340米/秒）时，展开配平翼，调整姿态。在距离火星表面约11千米时，打开减速伞。

开伞约40秒后，抛掉防烧灼大底。

着陆巡视组合体进入火星大气，防烧灼大底可以抵御与火星大气摩擦所产生的高温。

45秒后，减速伞将进入舱背罩拉离着陆架，并展开着陆腿。

在距离火星表面约100米时短暂悬停，对着陆场地进行拍照，以选择最合适的着陆点。

着陆巡视组合体在火星表面着陆。

旅行者1号和旅行者2号

目前飞行最远的探测器，是美国国家航天局发射的"旅行者1号"探测器。该探测器于1977年9月5日发射。截至2023年1月1日，旅行者1号距离太阳237亿公里。

"旅行者1号"还担负着与可能存在的地外文明沟通的重任，它搭载了一张镀金唱片，唱片存储了用55种人类语言录制的问候语和很多音乐片段，以及包括太阳系各行星的图片、人类的图像等115幅影像，人们希望通过这些数据向"外星人"表达人类的问候。

"旅行者2号"探测器的发射时间早于旅行者1号，于1977年8月20日发射升空。旅行者2号选择了一条较为漫长的飞行轨迹，是目前造访星体最多的探测器。旅行者2号也携带了与旅行者1号相同的唱片，以期与外星生命产生沟通。

天文望远镜的无奈

哈勃空间望远镜

光线进入镜头后，经过主镜头和副镜头两次反射，被照相机接收。

太阳能电池板为哈勃空间望远镜提供源源不断的电能。

哈勃空间望远镜共有三个精密导航芯片，用于保证观测时望远镜的指向正确、稳定。

成像光谱仪可以将光分离成其组成颜色，以揭示天体的化学成分、温度、密度等信息。

近红外和多目标光谱仪用于对多种类型的天文目标进行近红外成像和光谱观测。

先进巡天相机主要用于可见光波段的观测。

宇宙起源光谱仪主要用于研究宇宙中的物质的结构和组成。

当望远镜不工作时，可以关闭镜头盖，防止宇宙射线对部件的损耗。

哈勃空间望远镜是一架运行在宇宙空间中的望远镜，它可以避免大气层、空气及光污染对光学观测的影响，获得更多的观测信息。哈勃空间望远镜为纪念美国天文学家爱德文·哈勃而命名，于1990年4月24日由美国"发现号"航天飞机成功释放，至今仍在发挥作用。

哈勃空间望远镜口径2.4米，长16米。

宽视场相机是哈勃空间望远镜主要的光学相机，观测范围从紫外线、可见光，一直延伸到红外线的波长。

知识链接

哈勃是个"近视眼"

　　哈勃空间望远镜升空后不久，人们发现它拍摄的太空照片很模糊。原来，哈勃的主反射镜比标准厚度厚了2微米，导致哈勃成了个"近视眼"。1993年，航天员们为哈勃空间望远镜安装了一个矫正模块，相当于给哈勃空间望远镜戴了一副近视镜，这才保证了哈勃空间望远镜成像的清晰度。

巡天望远镜

　　中国空间站工程巡天望远镜即将发射升空。巡天望远镜视野极为宽广，观测范围可达整个天空的40%以上，而且能够在紫外线、可见光、红外线波段对宇宙空间进行观察。如果说哈勃空间望远镜专心于观察宇宙一角，巡天望远镜则擅长观察大面积的天空。

　　巡天望远镜口径为2米，总长约14米，最大直径约4.5米，发射重量约16吨。

　　巡天望远镜搭载了多种仪器，可开展丰富的科学观测活动。

　　巡天望远镜的成像质量、分辨率与哈勃望远镜相当，但其视场可达到哈勃空间望远镜的300多倍。

　　巡天望远镜规划寿命为10年，可与"天宫"空间站共轨飞行，必要时可与空间站对接，由航天员进行维护，从而延长其使用寿命。

奇怪的信号

漫画剧场

好奇怪的信号……

能解算出来吗?

0 | 0 5 5 | 6 5 i | 7 - 5 5 | 6 5 2 | 100

FAST天眼射电望远镜

射电望远镜是接收和分析来自宇宙空间的射电信号的设备。中国500米口径球面射电望远镜（FAST，又称"天眼"）位于贵州省黔南布依族苗族自治州，是当今世界上口径最大的射电望远镜。

馈源舱

FAST天眼周边有6座馈源舱支撑塔，通过钢索把馈源舱悬挂在抛物面上空。

抛物面下方由索网支撑，抛物面及索网由4450块面板、9000根钢索组成。

FAST天眼位于贵州山区一处喀斯特洼地，利用天然地形搭建了直径500米的反射镜面。

在观测时，支撑塔通过收放钢索将馈源舱移动到抛物面上空的指定位置，以准确接收宇宙中传来的射电信号。

知识链接

南仁东（1945年2月19日——2017年9月15日），天文学家，中国科学院国家天文台研究员，主持设计建造中国FAST天眼射电望远镜，被誉为"FAST天眼之父"，2019年被追授"人民科学家"荣誉称号。

射电望远镜是怎样工作的?

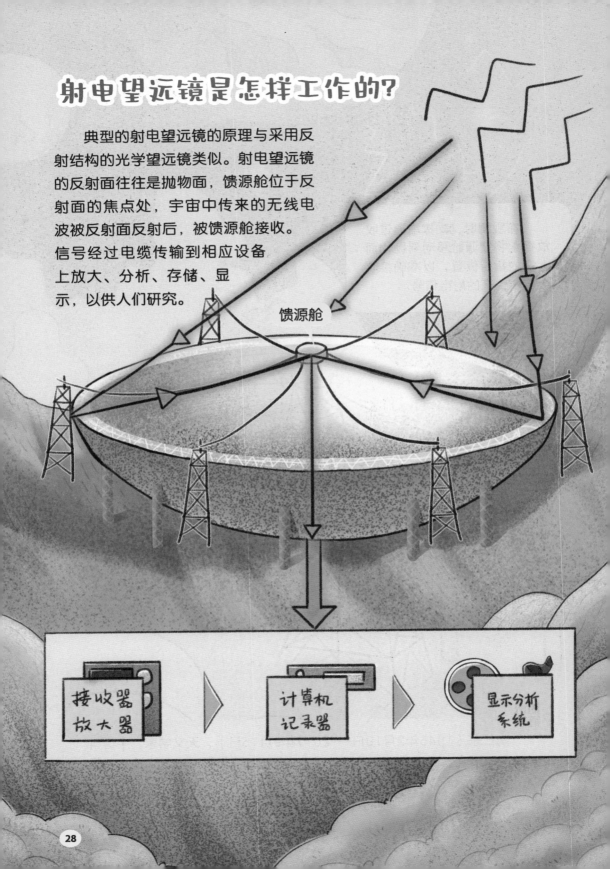

典型的射电望远镜的原理与采用反射结构的光学望远镜类似。射电望远镜的反射面往往是抛物面，馈源舱位于反射面的焦点处，宇宙中传来的无线电波被反射面反射后，被馈源舱接收。信号经过电缆传输到相应设备上放大、分析、存储、显示，以供人们研究。

馈源舱

接收器放大器

计算机记录器

显示分析系统

活地图迷路

第一次到陌生海域，我有点儿担心。

怕什么，不知道我是活地图吗？

但是，我们好像一直在围着小岛转圈圈。

这就是你说的活地图？

呃……我忘了开卫星导航设备了……

了不起的北斗卫星导航系统

北斗卫星导航系统是中国自行研制的卫星导航定位系统，由40余颗卫星组成，具有全球导航和定位、授时、短报文发送等功能。

林业

为林区面积测算、森林巡护、森林防火、测定地区界线等提供服务。

农业

为农业机械驾驶、农田起垄播种、无人机植保等工作提供精确定位。

公安

为交通指挥调度、警力调度等提供服务。

防灾减灾

在桥梁和水库等重要建筑的形变监控、救灾指挥、灾情上报等领域提供服务，还可以为危险品运输车船实行精准定位和导航。

授时

授时服务确保交通、科研、国防、电力、信息、金融等领域的运行安全。

渔业

除为渔船提供导航定位外，在没有通信信号的海域，北斗系统所特有的短报文发送功能可以帮助渔民与外界沟通。

交通

为飞机、船舶、车辆定位和导航。我们还可以通过接入北斗系统的打车软件叫网约车。

特殊关爱

配有北斗系统的电子盲杖，为视力障碍人士的出行提供诸多帮助。

卫星是怎么定位的？

目前世界上共有四大全球导航卫星系统，除中国的北斗卫星导航系统外，还有美国全球定位系统、欧洲伽利略卫星导航系统和俄罗斯格洛纳斯卫星导航系统。这些系统均采用"三星定位"原理。

无效点

用户的位置

在地球上任何位置的上空，都有至少3颗同一系统的导航定位卫星。以三颗卫星的实时位置为圆心、与用户的距离为半径画球形，去掉一个无效点后的三个球形的交会点就是用户的准确位置。

火箭升空啦！

火箭起飞啦!

运载火箭是依靠化学燃料燃烧的能量将卫星、飞船等航天器送入预定轨道的航天运输工具。按照燃料分类,可分为固体火箭、液体火箭和固液混合型火箭。以中国长征2F运载火箭为例,这是一种捆绑四个助推器的两级半构型火箭(有两级发动机并捆绑有助推器的火箭)。

助推器分离

逃逸塔分离

起飞

中国航天

CZ-2F

一二级分离

抛整流罩

船箭分离

太阳帆板打开

猎鹰9型可回收运载火箭

　　美国的猎鹰9型运载火箭是世界上现役的唯一一种一级可回收运载火箭。该型火箭一二级分离后，一级可以由海上专用船舶或陆地回收场回收，从而实现火箭的重复使用。

❸ 重启一级9个引擎中的3个，减慢一级下降的速度，并调整姿态，使一级底部向下。

❹ 在减速的同时，保证一级稳定姿态的网状翼鳍也会展开。

❷ 一二级分离后，冷气体推进器对一级的姿态进行调整，使其继续向上滑行。

❶ 发射升空

❺ 在距离地面约8千米时，打开所有发动机进一步减速，并打开着陆支架。

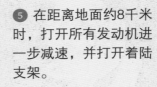

❻ 最终一级在着陆场地平稳落地。

难以捉摸的暗物质

你看，引力波会引起宇宙中时空的弯曲。

好像把球放在蹦床上，蹦床表面就会被压下去一样。

引力波的引发有天体本身的引力，也可能与暗物质有关。

前者我明白，但是什么是暗物质？

这个我也说不好，人们现在只知道暗物质不是什么，而不知道暗物质是什么……

你也有不知道的知识啊……

37

暗物质粒子探测卫星——"悟空"

暗物质粒子探测卫星"悟空"是我国首颗空间天文卫星，于2015年12月17日发射升空。它的主要任务是寻找暗物质粒子的存在证据，并开展其他相关研究。

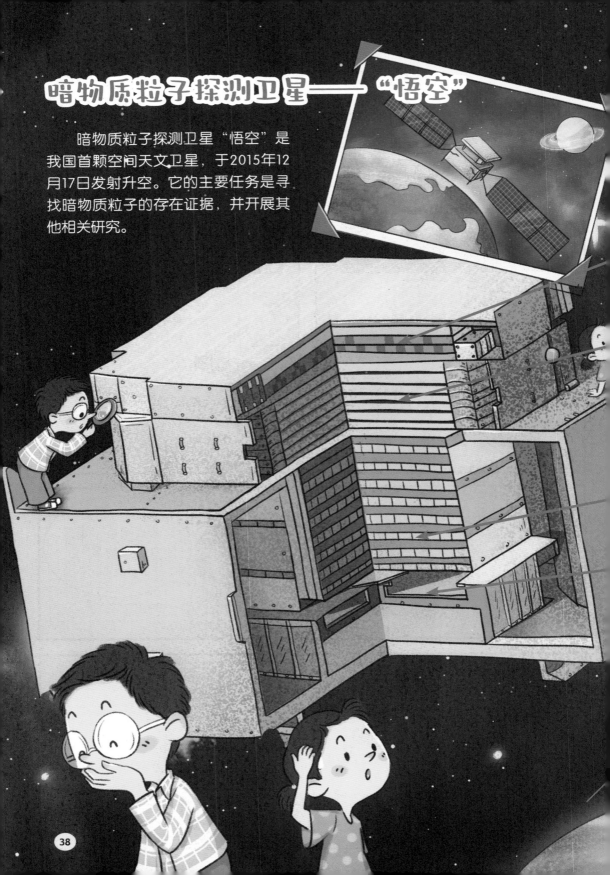

塑闪阵列探测器主要用于区分入射高能电子和光子。

硅阵列探测器主要用于测量入射粒子的方向，区分电子和伽马射线。

BGO量能器的主要功能是测量宇宙线粒子的能量，并进行粒子种类的鉴别。BGO是化合物锗（zhě）酸铋（bì）的缩写。

中子探测器主要用于配合BGO量能器来进一步区分质子和电子。

 知识链接

《西游记》中神通广大的齐天大圣的名字叫孙悟空，暗物质粒子探测卫星可以在浩瀚的宇宙中寻找暗物质的蛛丝马迹，就好像孙悟空的火眼金睛一样。

暗物质探测

"暗物质"可以理解为宇宙空间中一种不发光、不能被直接探测，但是可以用其他方法发现其存在的痕迹的物质。据观测，宇宙总物质的85%以上由暗物质组成，构成天体和星际气体的常规物质只占15%。

既然暗物质无法被直接探测，人们又是如何知道暗物质的存在的呢？

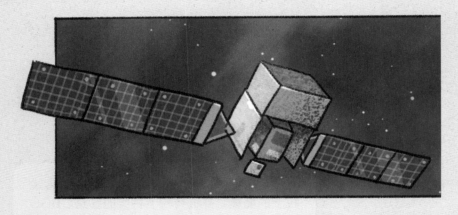

空间探测是一种间接探测方法。根据目前的理论模型，暗物质粒子衰变或相互作用后可能产生稳定的高能粒子，空间探测就是通过航天器对这些高能粒子进行观察。

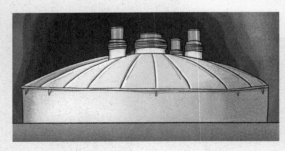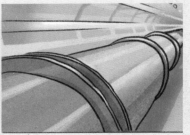

地下探测法可直接探测来自宇宙空间的暗物质粒子和原子核碰撞所产生的信号，还可以屏蔽其他宇宙射线的干扰。中国锦屏地下实验室就在2400米深的地下。

"量子阅读"

41

墨子号量子科学实验卫星

墨子号是全球第一颗进行量子科学实验的卫星，于2016年8月16日发射升空。其地面配套系统包括合肥量子科学实验中心，新疆南山、青海德令哈、北京兴隆、云南丽江4个量子通信地面站，以及西藏阿里量子隐形传态实验平台。

广域量子通信网络实验

通过由墨子卫星中转的方式组建真正意义的广域量子通信网络。目前已建成连接北京、济南、合肥、上海的全长2000余千米的量子保密通信骨干线路，并实现了北京、上海、济南、合肥、南山地面站和奥地利科学院6点间的洲际量子通信。

星地高速量子密钥分发实验

向相距1000千米的位于南山和德令哈的两处接收站分发纠缠光子，进行秘钥分发的实验。

星地量子纠缠分发实验

卫星同时向德令哈和丽江两个地面站分发纠缠光子，通过对千公里量级量子纠缠态的观测，开展相关的实验研究。

量子隐形传态实验

探索卫星与地面之间远距离量子传输的真正意义及量子隐形传态的可行性。

上海

什么是量子纠缠?

　　一个物理量如果存在最小的不可分割的基本单位，则这个物理量是量子化的，其最小单位称为量子。量子不是一种粒子，而是一种单位。一对粒子互相作用后，不论距离多远，一个粒子发生改变，另一个粒子也会随之改变，这就是"量子纠缠"。

太阳发烧了

近期太阳活动活跃，天文台提醒有关部门做好防范相关灾害的准备……

这太可怕了!

你紧张什么? 又不是太阳毁灭。

不是说要防范灾害吗?

这是说太阳活动会对供电、通信、航天等活动产生不利影响。

那我就放心了。

你以为这些领域与生活无关吗?

夸父一号

　　"夸父一号"先进天基太阳天文台是一颗综合性太阳探测专用卫星，于2022年10月9日发射升空。"夸父一号"运行于太阳同步晨昏轨道（通过地球赤道时间为日出或日落的时间，卫星可以始终朝向太阳，不会被地球遮挡），星上搭载了三大科学仪器，用于对"一磁两暴"（太阳磁场、耀斑、日冕物质抛射）的观测和研究。

　　全日面矢量磁像仪用于太阳磁场观测。

　　莱曼阿尔法太阳望远镜用于观测日冕物质抛射的形成，研究太阳的早期演化。

太阳硬X射线成像仪实现了我国首次太阳硬X射线（可以理解为能量较高的X射线）成像，这也是目前唯一的地球视角太阳硬X射线图像。

大火球太阳

太阳是太阳系的中心天体，直径约为1.392×10^6千米，其质量约为2×10^{30}千克，为太阳系总体质量的99.86%。组成太阳的元素以氢、氦为主，还包括少量的氧、碳、氖、铁和其他重元素。太阳采用核聚变的方式向太空释放光和热。

在对流层中，由于巨大的温度差引起对流，太阳内部的热量以对流的形式在对流层向太阳表面传输。

太阳核心是太阳进行核聚变反应之处，其半径约占太阳半径的1/4。太阳核心的温度达15000000℃。

我们所看到的太阳球面就是光球层，光球层的表面是气态的，厚度达500千米。

辐射层约占太阳体积的一半。太阳核心产生的能量通过这个区域以辐射的方式向外传输。

色球层厚度约2500千米。因为色球层的光线会被地球大气分散而淹没在蓝天中，所以，我们只有在日全食的时候才能看到色球层。

日冕是太阳大气的最外层。在日冕层，不断有带电的粒子挣脱太阳的引力束缚，射向太阳的外围，形成太阳风。

日珥（ěr）是太阳大气中的气体云，通常发生在色球层。大部分日珥喷出后还会回到太阳的色球层，只有极少部分会向外扩散。

飞船着陆啦!

龙飞船

　　龙飞船是美国太空探索技术公司（SpaceX）牵头研发的可回收式载人飞船，已成功进行首次商业载人飞行，并完成了与国际空间站对接及返回等任务。

　　如果在发射阶段火箭出现故障，飞船自带的8台发动机点火携带乘员舱逃逸。因此龙飞船没有逃逸塔。

龙飞船采用两舱结构，上部是密封加压的乘员舱，可搭载7名航天员。乘员舱外壁采用防热、耐烧蚀设计，因此无须整流罩。龙飞船下部是非密封的货舱。货舱外壁贴敷太阳能电池板，因此不需要太阳能帆板。

龙飞船的鼻锥内有与国际空间站对接的装置。

中国新一代载人飞船

中国新一代载人飞船采用两舱设计，长8.8米，直径约4.5米，总重21.6吨。飞船将为我国载人登月和载人深空探测服务。2020年5月5日—8日，中国新一代载人飞船成功进行了无人飞行测试。

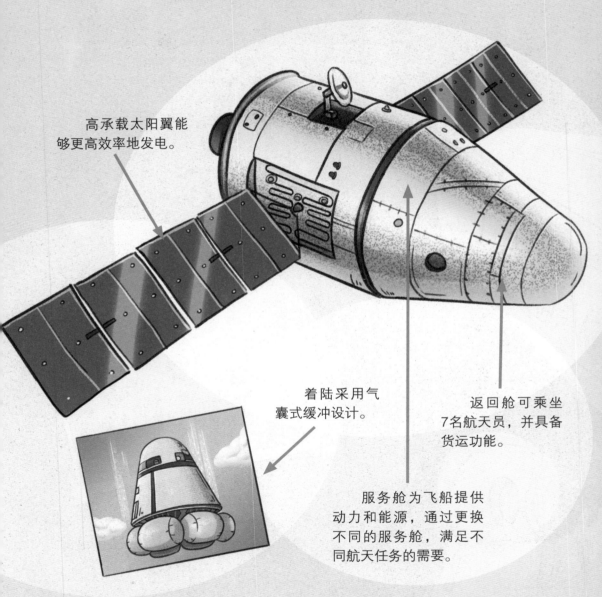

高承载太阳翼能够更高效率地发电。

着陆采用气囊式缓冲设计。

返回舱可乘坐7名航天员，并具备货运功能。

服务舱为飞船提供动力和能源，通过更换不同的服务舱，满足不同航天任务的需要。

登月背后的英雄

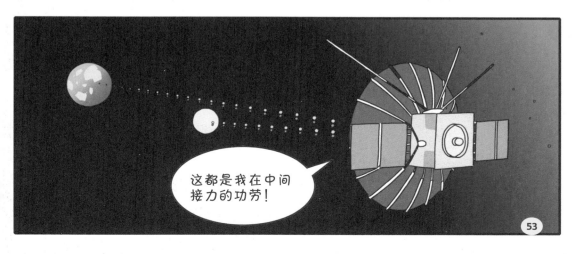

"天链" 中继卫星

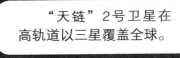

"天链" 2号卫星在
高轨道以三星覆盖全球。

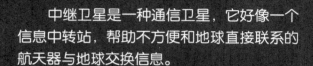

中继卫星是一种通信卫星，它好像一个信息中转站，帮助不方便和地球直接联系的航天器与地球交换信息。

中国

受地球曲率的影响，低轨道卫星覆盖范围有限，如果航天器飞行到远离中国国土的位置，就难以与测控中心实时联系。有了中继卫星的接力，低轨道航天可以实现实时测控和数据的实时下传。

天宫空间站依靠"天链"中继卫星网络，与国内实现实时通信。

"鹊桥" 中继卫星

我们了解到"嫦娥"系列月球探测器在月球背面飞行和登月时，需要"鹊桥"中继卫星的接力，才能与地球实时联系。"鹊桥"是如何运作的？它在什么轨道飞行？

2018年6月14日，"鹊桥"中继卫星进入环绕地月拉格朗日L2点的任务轨道。①

2018年5月21日，"鹊桥"中继卫星发射升空。

在月球背面工作的嫦娥4号、嫦娥5号月球探测器及着陆器、月球车，通过"鹊桥"中继卫星与地球保持联系。

知识链接

火星探测器"天问一号"的环绕器也具有中继卫星的功能，帮助"祝融号"火星车与地球联系。

① 地月拉格朗日L2点，在地月连线的延长线上，距离地球约150万千米。

照个X光

谁让你骑车不小心。

好痛！

X光室

幸亏没伤到骨头。

万幸，万幸……

如果你能释放X射线，我就不用去医院照透视了。

辐射危险，你还不离我远点儿？

哪怕用宇宙射线照X光呢……

直接暴露在宇宙射线中，你受得了吗？

57

钱德拉X射线天文台

钱德拉X射线天文台是美国发射的一颗能够在空间中探测宇宙射线的卫星，于1999年7月23日由哥伦比亚号航天飞机释放入轨，其总重4.8吨，是由航天飞机释放的最大航天器。由于地球大气层会挡住或吸收大部分宇宙射线，因此在宇宙空间中对宇宙射线进行观测，会得到更多的信息。

太阳帆板，为钱德拉提供电能。

高分辨率照相机。

科学设备集成模块。

高级CCD成像光谱仪（ACIS），同时具备能量、时间和空间分辨能力。

低增益天线，用于卫星与地面的通信控制。

镜头盖

高分辨率镜头组件，具有高分辨率、大视场、高灵敏度的特点。

钱德拉共有4部发动机。

 知识链接

苏布拉马尼扬·钱德拉塞卡（Subrahmanyan Chandrasekhar，1910—1995年），美国印度裔物理学家和天文学家，于1983年获得诺贝尔物理学奖。钱德拉X射线天文台就是为了纪念他而命名的。

硬X射线调制望远镜——"慧眼"

"慧眼"硬X射线调制望远镜是中国第一颗空间X射线天文卫星，于2017年6月15日发射升空。由于运行状态良好，在2022年设计寿命期满后，人们决定让"慧眼"卫星延长服役两年。

"慧眼"卫星装载多种科学仪器，可以以巡天观测、定点观测、区域扫描的模式工作。

"慧眼"卫星主要观测研究黑洞、中子星、伽马射线暴。

"慧眼"卫星呈立方体构型，总质量约为2500千克。

"慧眼"卫星开展了4个方面的探测和实验：巡天观测并发现新的天体活动；观测和分析黑洞、中子星等高能天体的活动；通过对宇宙射线的观测，研究宇宙深处黑洞的形成过程；探索利用X射线脉冲星（一种会释放X射线的天体）进行航天器自主导航的技术和原理，开展在轨实验。

这才是孩子爱看的
疯狂新科技
② 生命科学

新新世纪◎编著

航空工业出版社
北京

内 容 提 要

这是一套适合7岁以上孩子看的科技启蒙图画书。本书共有4册，每册选取最有远见性、代表性的前沿科技为主题，分别为航空航天、生命科学、新能源与新材料、信息科技。每册以科学的体例、简洁的语言、有趣的知识点、生动的插图，让孩子从小爱上科学，拥有探索科学的勇气，提高自身的进取精神、创新能力和学习能力。

图书在版编目（CIP）数据

这才是孩子爱看的疯狂新科技．生命科学 ／ 新新世纪编著．－－ 北京 ：航空工业出版社 ，2023.12
ISBN 978－7－5165－3529－5

Ⅰ．①这… Ⅱ．①新… Ⅲ．①生命科学－少儿读物
Ⅳ．① N49

中国国家版本馆 CIP 数据核字（2023）第 197415 号

这才是孩子爱看的疯狂新科技·生命科学
Zhecaishi Haizi Aikande Fengkuang Xinkeji · Shengming Kexue

航空工业出版社出版发行
（北京市朝阳区京顺路5号曙光大厦C座四层　100028）
发行部电话：010－85672688　010－85672689

三河市双升印务有限公司印刷　　　全国各地新华书店经售
2023 年 12 月第 1 版　　　　　　2023 年 12 月第 1 次印刷
开本：710×1000　1/16　　　　　字数：10 千字
印张：4　　　　　　　　　　　定价：148.00 元（全 4 册）

目 录

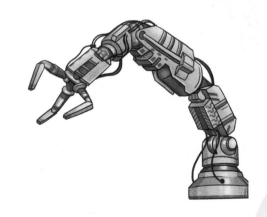

别怕转基因

你在看什么呢?

我在挑非转基因食品啊,免得吃下转基因对身体有害。

放心吃吧,并没有证据证明转基因农作物有害健康!

转基因是如何实现的?

基因工程是一种在分子层面上对基因进行操作的技术，即使用生物技术直接操纵生命的基因组，改变细胞的遗传物质的技术。通过基因工程，可以实现同一物种和跨物种的基因转移，以实现生物体的改良，或产生新的生物体。

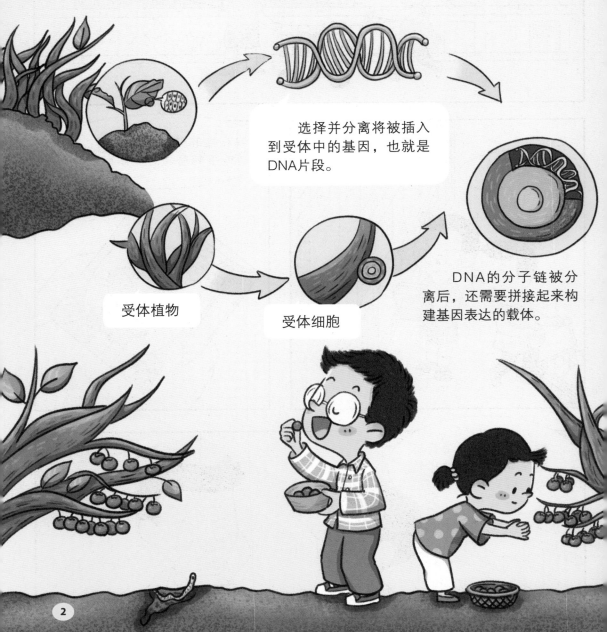

选择并分离将被插入到受体中的基因，也就是DNA片段。

DNA的分子链被分离后，还需要拼接起来构建基因表达的载体。

受体植物

受体细胞

将目的基因导入受体细胞。

方法一
　　将基因表达载体转化到农杆菌中，让农杆菌去感染受体植物，实现基因信息的注入。

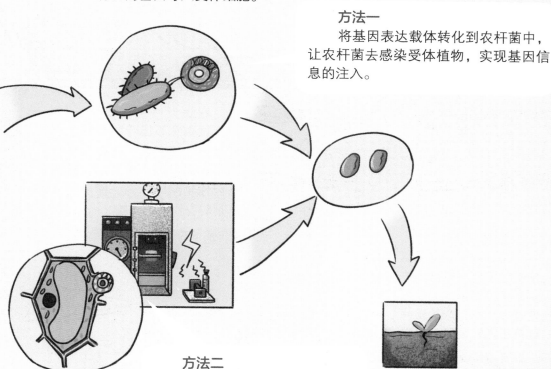

方法二
　　用基因枪对植物或动物细胞进行电击，使其细胞壁/细胞膜穿孔，让基因表达载体加入其基因组中。

选择发生基因转化的植株进行栽培育种。

基因工程的应用

农业

    抗虫转基因作物携带含有抗虫基因的蛋白质，对昆虫有毒，而不会对人体产生影响。有的转基因作物耐除草剂，能够降低除草剂对农作物的影响。

医学

    基因重组疫苗可以帮助人们预防传染病；转基因方法制备的胰岛素可以治疗糖尿病；针对某些基因缺陷造成的疾病，可以通过将正常基因导入细胞来治疗。

环境保护

    通过基因工程手段，使有害物种丧失活性或繁殖能力，以达到防治目的。

过敏了好难受

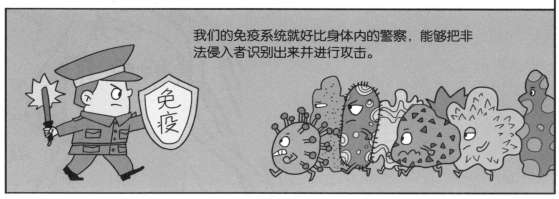

我们的免疫系统就好比身体内的警察，能够把非法侵入者识别出来并进行攻击。

如果将无害的物质当作有害物质进行攻击，人体就会出现不适，这就是过敏反应。

5

免疫系统是如何工作的？

肥大细胞广泛分布于皮肤及内脏黏膜下的微血管周围，一旦人体被有害物质侵入，肥大细胞会迅速引发过敏及发炎的反应。

脾脏是人体最大的免疫器官，含有大量的淋巴细胞和巨噬细胞。这些细胞具有抗击细菌和病毒的功能。

淋巴

胸腺

脾

细菌或病毒侵入人体时，淋巴细胞会产生淋巴因子和抗体杀灭病原体，因此我们发生感染的时候，往往淋巴结会肿大。

T淋巴细胞会在胸腺中发育成熟。它能够帮助人体抗感染、抗肿瘤，直接杀伤异常细胞，使免疫作用扩大和增强。

骨髓是中枢免疫器官，B淋巴细胞在骨髓内发育成熟，其主要作用是产生抗体、呈递抗原、参与免疫调节。

骨髓

免疫学的应用

疾病检测

　　人体感染病原体后，会产生相应的抗原、抗体，通过对抗原、抗体的检测，就可以准确地识别感染源。

器官移植

　　人体进行器官移植后，自身免疫系统会攻击移植器官，出现排异反应。因此移植器官需要严格配型，病人需要服用免疫抑制剂来减少或消除排异反应。

免疫治疗

　　通过为病人注入抗体等物质治疗相关疾病。为病人注入免疫抑制剂或过敏原制剂，进行抗过敏或脱敏治疗。

免疫预防

　　通过疫苗接种，主动防御某些传染病。

我怕打针

疫苗是怎么使人体免疫的？

免疫系统产生特异性抗体后，抗体便会与免疫系统的其余部分合作，摧毁病原体。

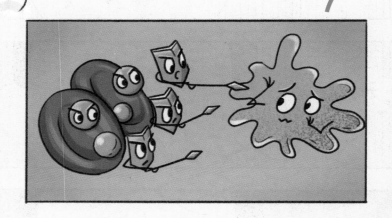

病原体是引起疾病的微生物。病原体中能够导致人体免疫反应的物质被称为抗原。当抗原进入人体，免疫系统就会产生相应的抗体。

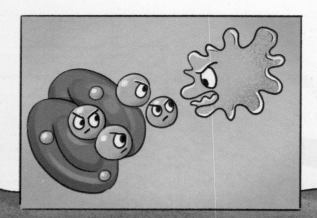

身体在产生抗体的同时，会产生可以在人体内长期存活的记忆细胞，如果再次接触这种病原体，免疫反应会更加高效。

疫苗包含特定病原体弱化或灭活的抗原或其模型，能够引起人体的免疫反应。

如果社区中多数人接种了疫苗，病原体便很难传播。这就是群体免疫。

疫苗的分类

致病力显著下降的病毒毒株可以制成减毒活疫苗。

灭活疫苗可以理解为病毒的尸体，它不会造成人体感染，但是其外壳可以引起身体的免疫反应。

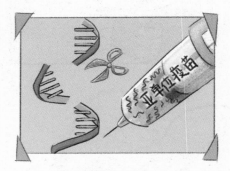

亚单位疫苗又叫组分疫苗，是通过大量扩增病毒，让病毒的蛋白质分解，然后提取具有免疫活性的蛋白质片段制成的疫苗。

将病毒的基因片段植入到某些细胞中，这些细胞中会大量生产相应的蛋白质，收集、提纯这些蛋白质，就得到重组基因疫苗。

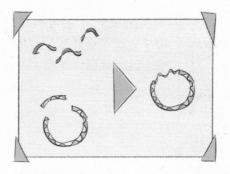

将病毒中引起免疫反应的基因片段嫁接到对人体无害的病毒中，制成重组病毒载体疫苗。

核酸疫苗主要分为DNA疫苗和mRNA疫苗，是将病毒的遗传物质注入人体，诱导人体产生免疫反应。

再造一个我

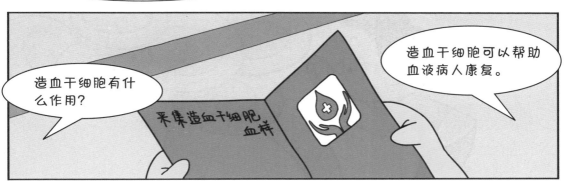

13

神奇的干细胞

在细胞分化的过程中，保留下来的未分化的原始细胞就是干细胞。这些干细胞可按照发育途径通过分裂产生其他细胞。

多能干细胞能够分化成多种组织细胞。

造血干细胞是一种多能干细胞，不仅可以分化为红细胞、白细胞、血小板等血细胞，还可以跨系统分化为各种组织器官的细胞。

全能干细胞能够分化成为人体所有细胞种类。受精卵、胚胎干细胞就是典型的全能干细胞。

多能干细胞经过进一步的分化，就成为专能干细胞。专能干细胞只能分化某些特定类型的细胞。

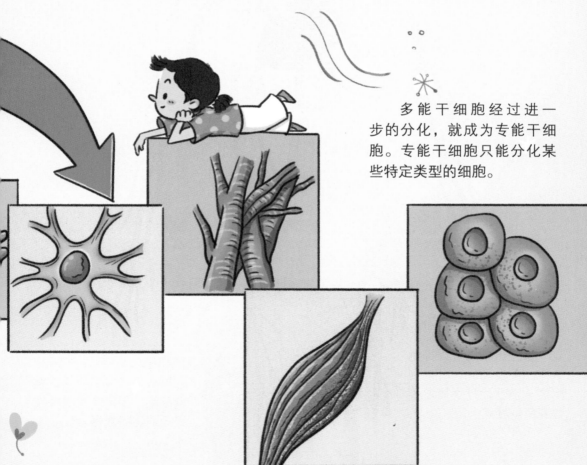

干细胞技术的应用

干细胞可以无限量复制。利用干细胞这一特性，通过对干细胞的培养，生成新的细胞，以实现治疗疾病、修复受损细胞和组织等目的，这就是干细胞技术。

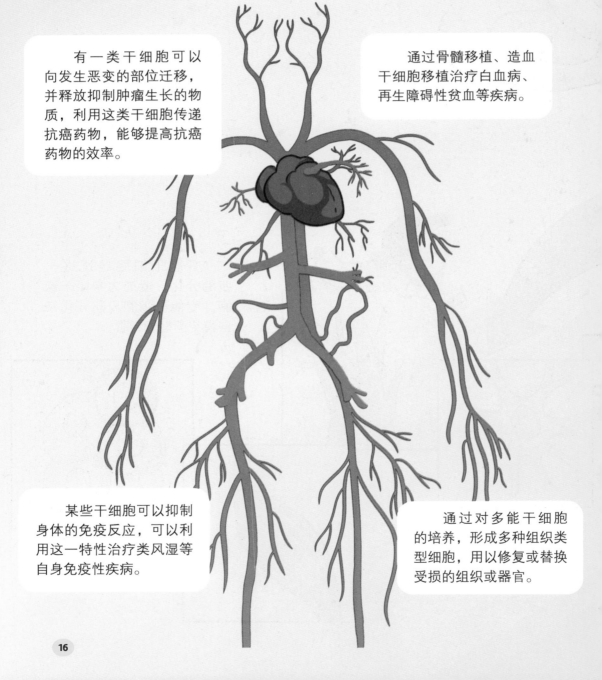

有一类干细胞可以向发生恶变的部位迁移，并释放抑制肿瘤生长的物质，利用这类干细胞传递抗癌药物，能够提高抗癌药物的效率。

通过骨髓移植、造血干细胞移植治疗白血病、再生障碍性贫血等疾病。

某些干细胞可以抑制身体的免疫反应，可以利用这一特性治疗类风湿等自身免疫性疾病。

通过对多能干细胞的培养，形成多种组织类型细胞，用以修复或替换受损的组织或器官。

小猫生宝宝了

好可爱啊……

两只短毛猫怎么生出了长毛的小猫呢？

快拿小本本记下来……

是啊，它帅吧！

那个是猫爸爸吗？

因为猫爸爸和猫妈妈都有长毛的基因啊。

还是听不懂……

17

豌豆杂交实验

选用纯种黄色圆粒豌豆和纯种绿色皱粒豌豆进行杂交。

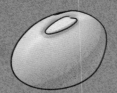

得到的第一代豌豆都是黄色圆粒。这表明黄色和圆粒都是显性性状，绿色和皱粒都是隐性性状。

让第一代豌豆自花传粉，收获的豌豆中有黄色圆粒和绿色皱粒，还出现了绿色圆粒和黄色皱粒。

不同对的遗传因子可以自由组合，所以收获的第二代豌豆会显示出更多的性状。

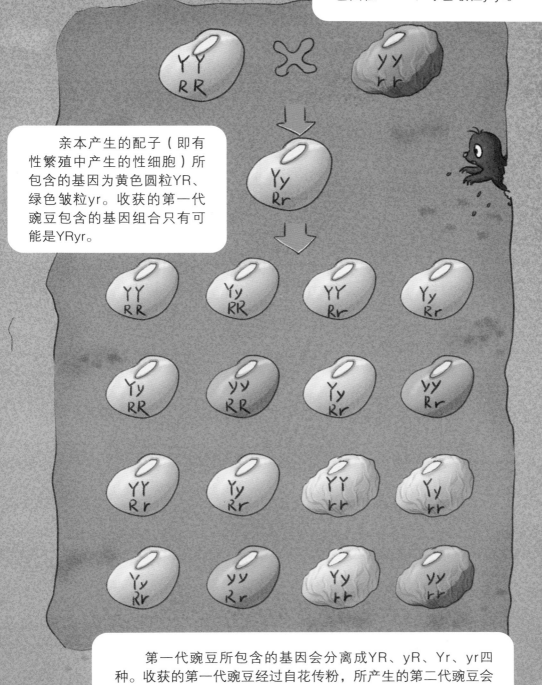

亲本就是动植物杂交时所选用的母本或父本。其基因分别为：黄色圆粒YRYR、绿色皱粒yryr。

亲本产生的配子（即有性繁殖中产生的性细胞）所包含的基因为黄色圆粒YR、绿色皱粒yr。收获的第一代豌豆包含的基因组合只有可能是YRyr。

第一代豌豆所包含的基因会分离成YR、yR、Yr、yr四种。收获的第一代豌豆经过自花传粉，所产生的第二代豌豆会出现如图所示的16种基因组合。

选育优良品种，提高农作物产量。

培养特殊菌种，处理水中的重金属污染物。

生产优质菌种，用于处理秸秆，生产乙醇、沼气。

培育良种家畜。

培养优质酵母菌、乳酸菌，生产发酵食品。

培养特殊细菌，可以处理海洋表面的石油污染物。

运用生物药物、基因疗法，治疗多种疾病。

遗传学的应用

组装DNA模型

什么是DNA?

分子生物学是研究构成生命物质的大分子的形态、结构特征及其重要性、规律性和相互关系的科学。

脱氧核糖核酸（DNA）中含有合成核糖核酸（RNA）和蛋白质必不可少的遗传物质，是组成生物体的重要大分子。

组蛋白

碱基对

在DNA中，胸腺嘧（mì）啶（dìng）（T）与腺嘌（piào）呤（líng）（A）、胞嘧啶（C）与鸟嘌呤（G）四种碱基两两配对，形成两条链条。

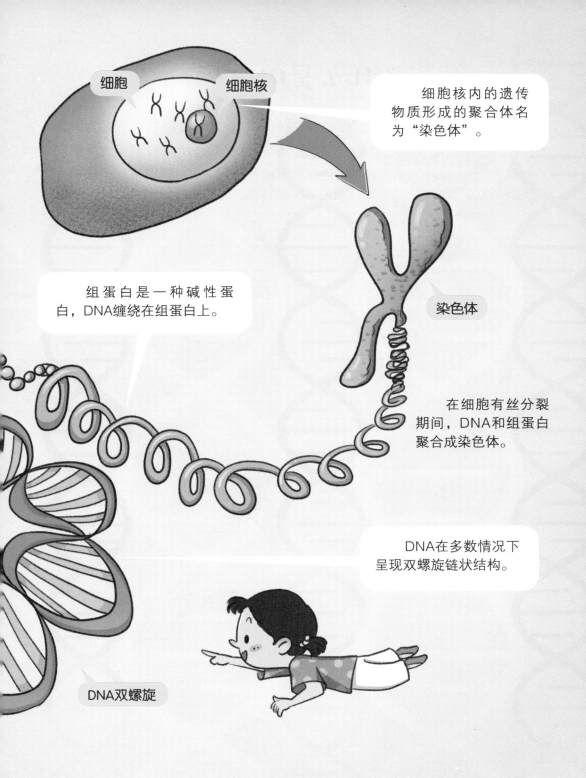

细胞

细胞核

细胞核内的遗传物质形成的聚合体名为"染色体"。

组蛋白是一种碱性蛋白，DNA缠绕在组蛋白上。

染色体

在细胞有丝分裂期间，DNA和组蛋白聚合成染色体。

DNA在多数情况下呈现双螺旋链状结构。

DNA双螺旋

什么是RNA?

　　以脱氧核糖核酸的一条单链为模板，以A、U、C、G四种碱基为原料，会形成核糖核酸（RNA）。其中，尿嘧啶（U）取代了DNA中的胸腺嘧啶（T），因此，绝大多数RNA都是单链条结构。RNA广泛存在于生物体中，对某些病毒而言，RNA是唯一的遗传物质。

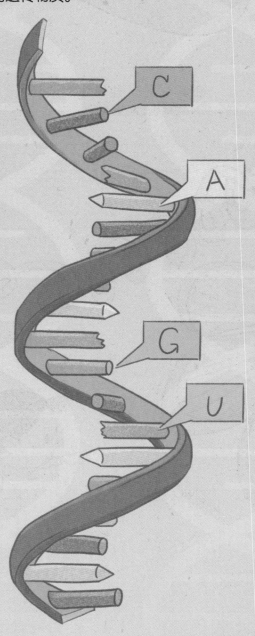

　　在多数生物体内，DNA是遗传信息的模板，遗传信息以蛋白质的形式出现，RNA按照这一模板对信息进行转录（转录即遗传信息从DNA流向RNA）而生成。某些病毒通过逆转录（逆转录即遗传信息从RNA流向DNA）进行复制。

肚子里的细菌

酸奶是怎么来的?

微生物是难以用肉眼观察的微小生物的总称。

发酵工艺是微生物学最常见的应用之一,下面我们以酸乳(酸奶)的发酵过程为例,介绍发酵的原理。

植入菌种。根据相关标准,仅植入嗜热链球菌和保加利亚乳杆菌会制成酸乳。

在无氧条件下,乳酸菌能够将牛奶中的乳糖分解,产生大量乳酸,导致牛奶变酸。酸性条件能够让牛奶中的乳酪蛋白发生凝集沉淀,从而使牛奶变稠。

鲜牛奶需要经过杀菌消毒。

植入菌种。如果植入三种或三种以上益生菌发酵，将得到发酵乳。

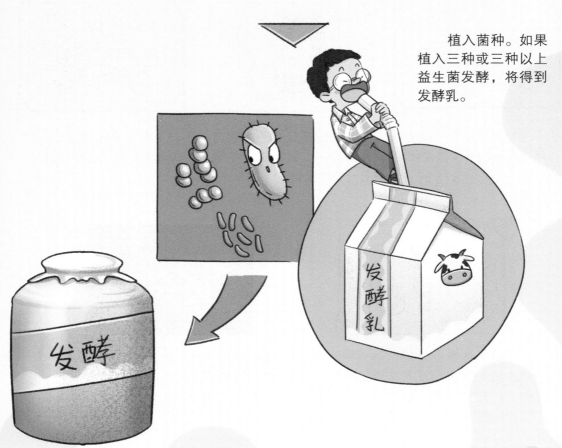

发酵乳

发酵

微生物有哪些？

细菌按照形态分类，常见的有球菌、杆菌、螺旋菌。例如，引起肠道感染的大肠杆菌。

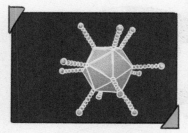

病毒没有完整的细胞结构，只能寄生于细胞内才能生存。流感病毒就是其中的一种。

真菌具有完整的细胞结构，但是没有植物的叶绿体。蘑菇就是真菌中的一个大分类。

立克次体是介于细菌和病毒之间的一类微生物。

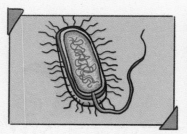

放线菌是介于细菌与真菌之间，更接近于细菌的一类微生物。

支原体比细菌小、比病毒大，它只有细胞膜。

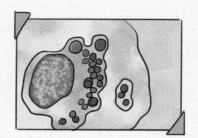

衣原体有细胞壁，是一种原核微生物（细胞核没有核膜包裹的生物），它们没有活动能力，需要寄生在细胞内。

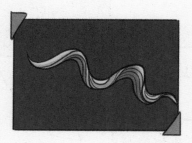

螺旋体是一类呈螺旋状、活动性强的原核微生物。

去做体检

29

怎么看血常规报告单？

生化检测是通过检测体液等样本中化学物质的变化，为医生或研究者提供信息的一门学科。血常规就是我们经常接触的一种生化检测，它通过对血细胞的分析，对人体健康状况进行初步的判断。

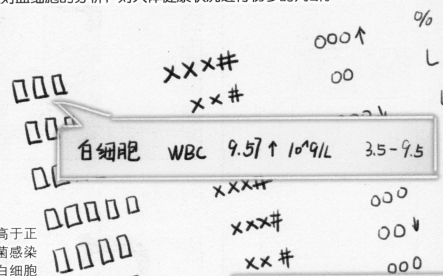

白细胞 WBC 9.57↑ 10^9/L 3.5-9.5

白细胞总数高于正常值，可能是细菌感染或急性感染等。白细胞总数低于正常值，可能是伤寒病毒或寄生虫感染、过敏及中毒等。

淋巴细胞计数 LYM

嗜酸性粒细胞计数 EOS

嗜碱性粒细胞计数 BAS

感染病毒时，淋巴细胞计数会上升。在发生过敏时，嗜碱性粒细胞减少，嗜酸性粒细胞升高。感染寄生虫后，嗜酸性粒细胞也会升高。

××××××

血红蛋白	HGB	92.0	g/L	115-150
红细胞	RBC	2.99	10^{12}/L	3.8-5.1

红细胞减少常见于贫血、失血等。

	10^9/L	1.1-3.2
	10^9/L	0.02-0.52
	10^9/L	0-0.06

血小板减少会造成伤口难以止血等问题。

血小板计数	PLT	140	10^9/L	100-300

生化试剂盒是如何工作的?

  生化试剂盒是通过化学反应将被检测物质转化为有色化合物来进行检验的。以抗原检测试剂盒为例,首先让特定抗体与病毒的抗原结合后形成复合物,再对复合物进行显色,当试纸上形成彩色线条,便可以据此判断人体是否感染某种病毒。

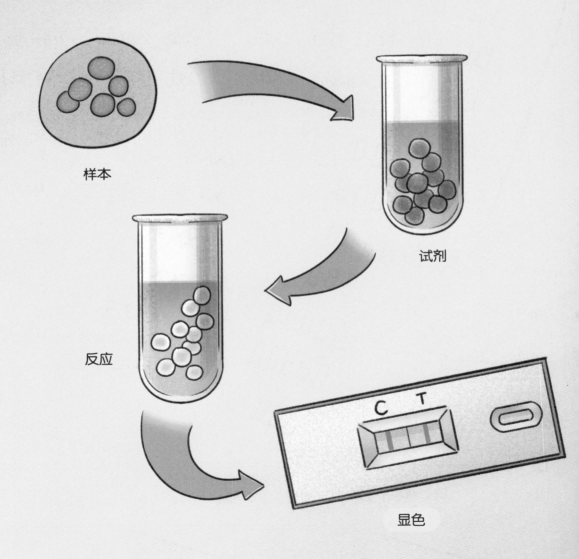

样本

试剂

反应

C   T

显色

机器人翻跟头

脑机接口是怎么运作的?

脑机接口技术一般由四部分组成：信号采集、信号处理、控制设备和反馈。

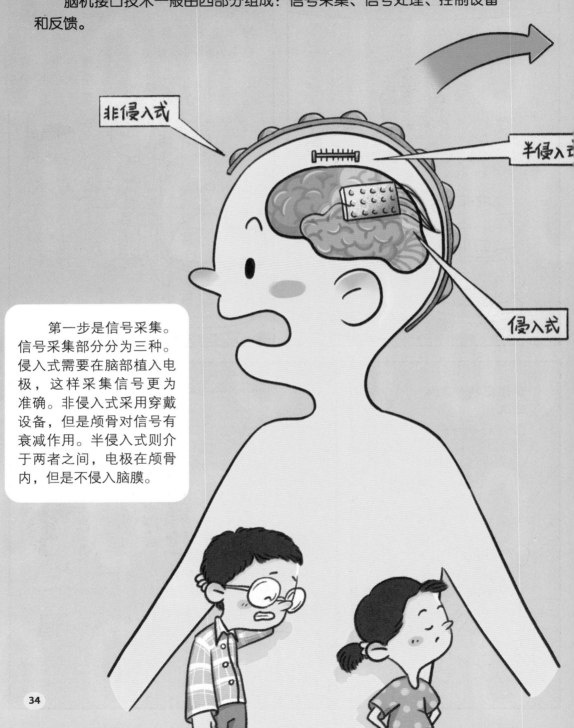

非侵入式

半侵入式

侵入式

第一步是信号采集。信号采集部分分为三种。侵入式需要在脑部植入电极，这样采集信号更为准确。非侵入式采用穿戴设备，但是颅骨对信号有衰减作用。半侵入式则介于两者之间，电极在颅骨内，但是不侵入脑膜。

第二步是信号处理，收集到的信号需要进行解码和再编码。

第三步是再编码，将分析后的信号进行编码。

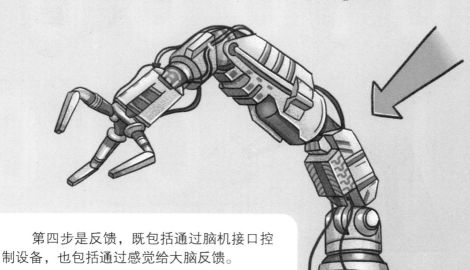

第四步是反馈，既包括通过脑机接口控制设备，也包括通过感觉给大脑反馈。

脑机接口在医疗上的应用

  人的大脑通过发出电信号，控制身体的各项活动。如果因为伤病，这种电信号无法正常传递，就会造成残障。脑机接口可以识别、处理大脑发出的电信号，并通过人体器官或人工器官进行反馈，从而帮助残障人士。

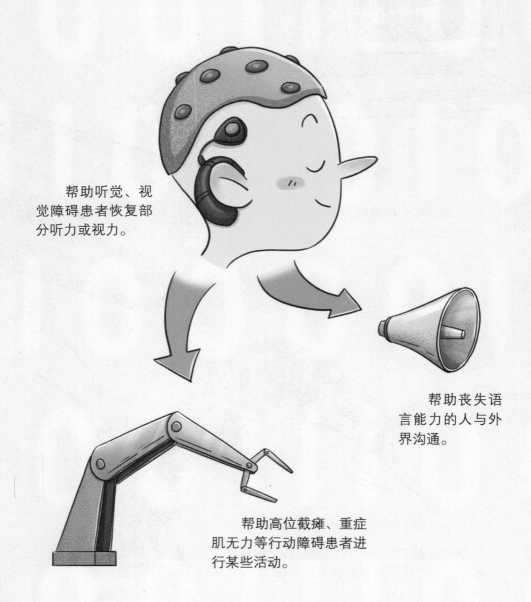

帮助听觉、视觉障碍患者恢复部分听力或视力。

帮助丧失语言能力的人与外界沟通。

帮助高位截瘫、重症肌无力等行动障碍患者进行某些活动。

脑子会过热吗?

类脑芯片架构模拟人脑的传递结构，众多的处理器类似于神经元，通信系统类似于神经纤维，在处理海量数据上优势明显。

类脑芯片在功耗和学习能力上具有更大优势。

类脑芯片实现存储与计算的深度融合，大幅提升计算性能。

类脑芯片的能源利用率极高，它可以像人脑一样，将几乎所有的电能都用于"思考"。

什么是类脑芯片？

传统的计算机芯片运作效率有限，功耗较高。为解决这一问题，人们采用人脑神经元结构来设计芯片，追求在芯片架构上不断接近人脑，这类芯片被称为类脑芯片。

类脑芯片是怎么工作的?

类脑芯片有三大重要组成部分，分别是神经元、突触和神经网络。

神经元对接收到的信息进行整合，并发出新的脉冲，传递到其他神经元。

神经网络是由神经元与突触组成的高度互连网络，信息在其中传递。

突触是不同神经元之间的连接，支撑记忆、学习功能。

鲨鱼皮游泳衣

什么是仿生学?

薄壳结构建筑模仿鸡蛋壳的结构。

雷达模仿蝙蝠释放和接受电磁波。

仿生学是研究生物系统的优异能力及其产生的原理，然后应用这些原理去设计和制造新的技术设备，以促进人类社会进步发展的科学。

瓦楞纸箱模仿了贝壳的结构。

服务生活的机械狗、清理管道的机械蛇，都是模仿了相应的动物。

飞机模仿
鸟类滑翔。

仿生学的应用

仿生学在更多领域都大有可为。例如仿生手臂帮助残障人士恢复部分肢体功能，防反光装置可以让屏幕更加清晰。还有更神奇的能够自动愈合的高分子材料，用来自动修补轮胎破损处……

防反光结构常用于显示器屏幕，它模仿了某些昆虫眼睛表面的凸起，这些细微的凸起比光波的波长要短，因此射入的光线会被这种结构吸收，而不会被反射。这样的屏幕清晰度更高。

采用仿生设计的机械手臂，可以准确捕捉人体发出的信号，并做出相应的动作，极大地方便了残障人士的生活。

人们模仿皮肤受伤后愈合的原理，发明了可以自动填充破损部位的高分子材料，这样就再也不怕车胎被扎了。

造福人类的新科技

这种假肢可以根据人的意识做出动作，帮助残障人士恢复部分肢体功能。

真是造福人类啊！

神经是怎么控制假肢的?

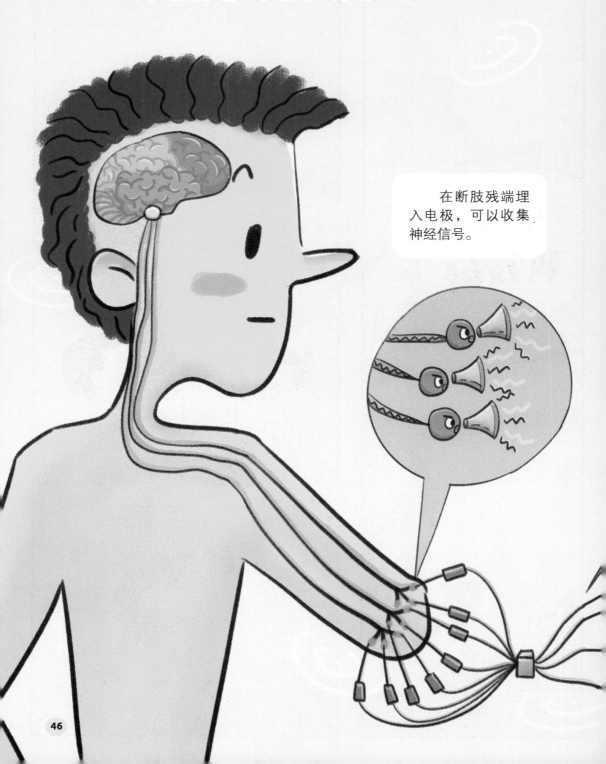

在断肢残端埋入电极，可以收集神经信号。

神经控制假肢通过收集和放大人体肢体残端微弱的电信号来驱动，相当于为肢残人士安装了一副人造智能肢体，这种假肢比传统假肢更为灵活、仿真。

　　将肢体神经传递的电信号放大后，驱动假肢运动。

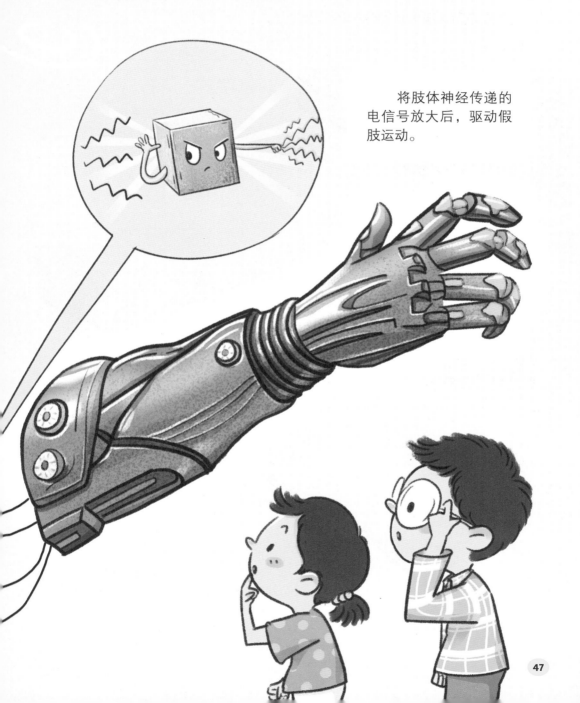

神经控制假肢好方便

　　目前，神经控制假肢已经可以精确控制小关节的活动，完成各种捏、取、写，甚至使用筷子等精细动作，大大方便了残障人士的生活。这一切都是建立在对神经信号的分析和反馈之上。

打字

　　精准控制假肢手指小关节的活动，准确完成打字动作。

握手

　　通过对神经信号进行分析，让假肢以适当的力量完成握手等动作。

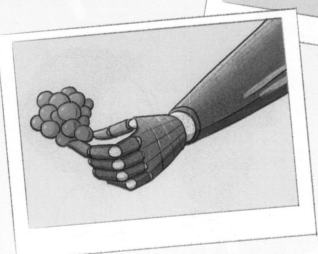

更精细的动作

　　神经控制假肢不仅可以完成捏取、使用筷子等精细动作，将来还会更加仿生、智能，方便使用者的生活。

实验动物的贡献

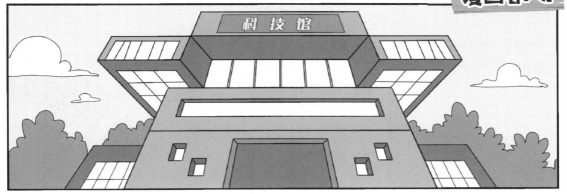

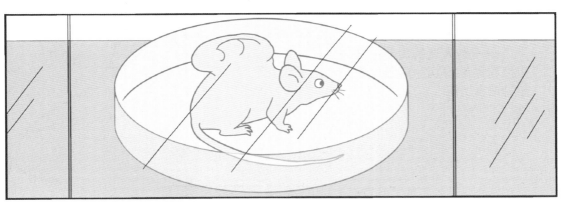

人工器官总动员

用人工材料和电子技术制成部分或全部替代人体自然器官功能的装置就是人工器官。

人工晶体

用高分子材料制造，可以帮助白内障患者重见光明。

人工喉

是一种人造的发声装置，可以帮助喉部切除患者恢复一定的语言功能。

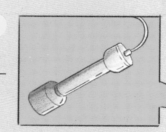

人工肺（叶克膜）

让血液在设备内完成氧气和二氧化碳的交换，维持心肺功能衰竭患者的生命，为抢救赢得时间。

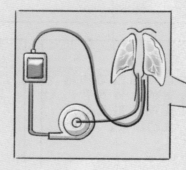

人工股骨头

用金属制造，可以代替因伤病而严重损伤的股骨头。

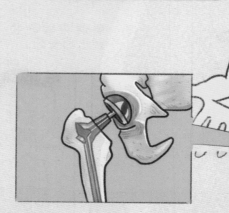

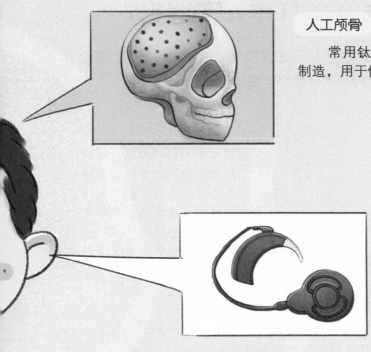

人工颅骨

常用钛合金或高分子材料制造，用于修补破损的颅骨。

人工耳蜗

是一种电子装置，将声音转化成电信号传递给听觉神经，帮助听障人士。

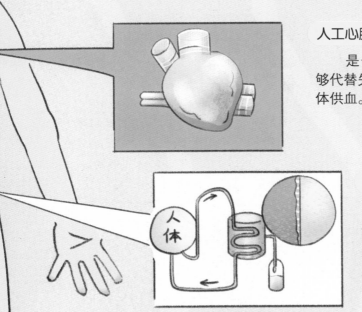

人工心脏

是一种机械装置，能够代替失去功能的心脏给身体供血。

肾透析

用技术手段过滤血液，并将血液内的废物、有害物质排出体外，以代替失去功能的肾脏。

如何用3D打印人工器官?

目前人工器官的发展思路是利用干细胞技术3D打印人工器官，甚至直接在人体上进行3D打印。这种技术被称为3D生物打印。

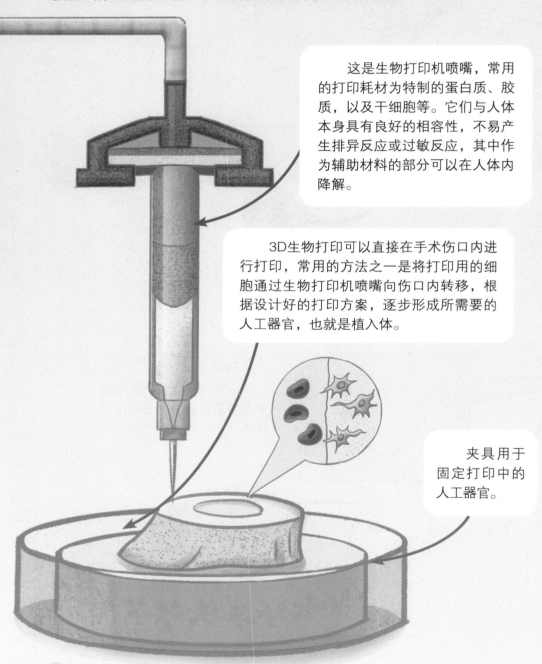

这是生物打印机喷嘴，常用的打印耗材为特制的蛋白质、胶质，以及干细胞等。它们与人体本身具有良好的相容性，不易产生排异反应或过敏反应，其中作为辅助材料的部分可以在人体内降解。

3D生物打印可以直接在手术伤口内进行打印，常用的方法之一是将打印用的细胞通过生物打印机喷嘴向伤口内转移，根据设计好的打印方案，逐步形成所需要的人工器官，也就是植入体。

夹具用于固定打印中的人工器官。

挂着土豆的西红柿

看我采的西红柿多大，一定特别甜！

这算什么，你把西红柿秧子挖出来看看。

哇！西红柿的根上还挂着土豆呢！

这就是细胞工程的成果！

什么是细胞工程？

　　细胞工程是指通过细胞器、细胞或组织水平上的操作，产生相应产品的一门综合性的生物工程。人们往往通过细胞工程培养有价值的植株或制造生物产品。

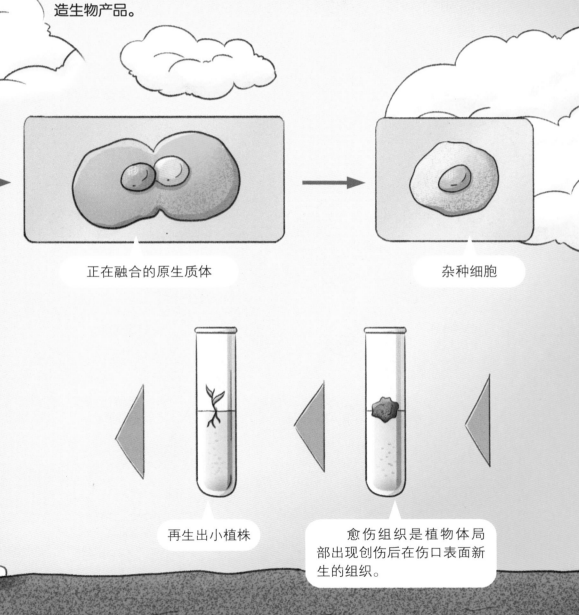

正在融合的原生质体

杂种细胞

再生出小植株

愈伤组织是植物体局部出现创伤后在伤口表面新生的组织。

细胞工程是怎样抗肿瘤的?

　　将免疫细胞与骨髓瘤细胞融合在一起,可以形成一种既能进行无性繁殖,又能分泌抗体的细胞。这种细胞可以准确运载抗肿瘤药物到达患处,提高抗肿瘤治疗的效率。这种细胞被称为"单克隆抗体",它是如何制备的呢?

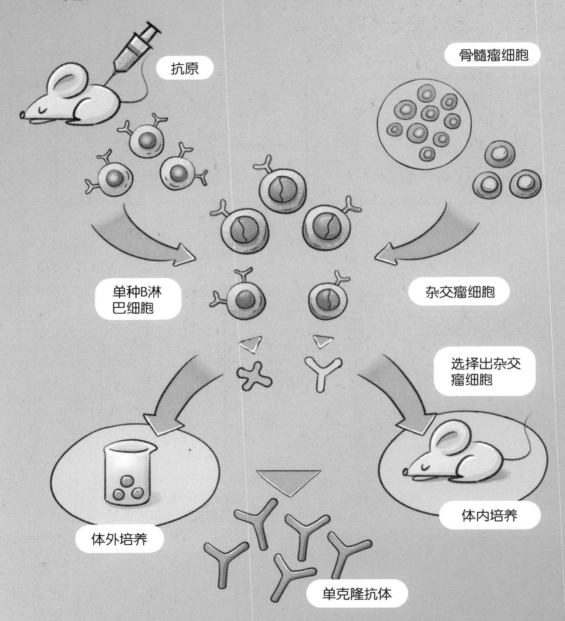

抗原

骨髓瘤细胞

单种B淋巴细胞

杂交瘤细胞

选择出杂交瘤细胞

体外培养

体内培养

单克隆抗体

深入看大脑

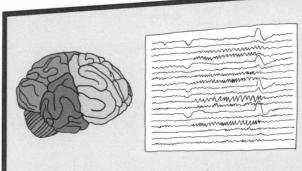

这种设备不仅可以看到脑电图，还可以模拟脑部结构。

能不能看到脑子里的深层结构呢？

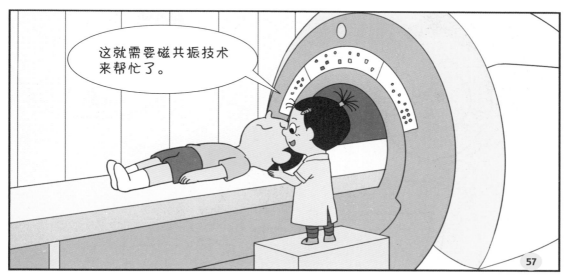

这就需要磁共振技术来帮忙了。

脑图谱

脑图谱将大脑划分为若干区域，主要分为额叶、颞（niè）叶、枕叶、顶叶四大部分。这些分区都有各自独特的功能，它们协调运转，让我们的活动灵活有序。

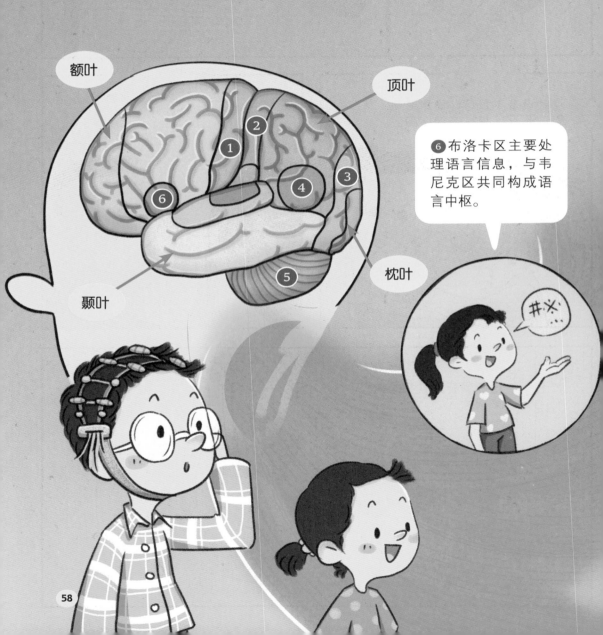

额叶

顶叶

⑥布洛卡区主要处理语言信息，与韦尼克区共同构成语言中枢。

颞叶

枕叶

❶ 运动中枢可以控制身体运动的方向、轨迹、速度和时间。

❸ 视觉联合区位于枕叶，是视觉的最高中枢。

❷ 感觉中枢，处理触觉、味觉，以及温度感觉等。

❹ 韦尼克区控制着人的听觉，并与布洛卡区共同构成语言中枢。

❺ 小脑主要调节躯体运动，特别是保持躯体平衡。

磁共振是怎样绘制脑图谱的?

磁共振技术是利用电磁波对被测物体进行扫描，进而绘制其内部图谱的技术。这一技术特别擅长对软组织进行观察。

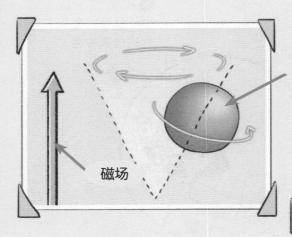

氢质子

磁场

人体内有很多氢质子，当有稳定的外来磁场作用时，氢质子会围绕外来磁场方向旋转摆动。

在外界磁场的作用下，人体内的氢质子的排列变得有规律，大部分与磁场方向平行，被称为"低能质子"，少部分与磁场反方向平行，被称为"高能质子"。

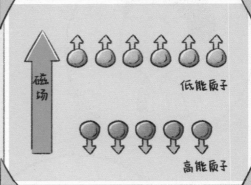

磁场

低能质子

高能质子

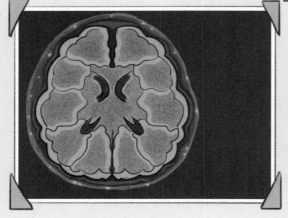

对扫描区域施加一种电磁波，让低能级质子变为高能质子。当电磁波的作用停止时，氢质子又会返回原来的状态，这种现象被称为"磁场共振"。产生变化的氢质子会释放能量，仪器检测到这个能量信号，经过分析就可以生成人体组织的图像。

这才是孩子爱看的

疯狂新科技

3 新能源与新材料

新新世纪◎编著

航空工业出版社
北京

内 容 提 要

　　这是一套适合7岁以上孩子看的科技启蒙图画书。本书共有4册，每册选取最有远见性、代表性的前沿科技为主题，分别为航空航天、生命科学、新能源与新材料、信息科技。每册以科学的体例、简洁的语言、有趣的知识点、生动的插图，让孩子从小爱上科学，拥有探索科学的勇气，提高自身的进取精神、创新能力和学习能力。

图书在版编目（CIP）数据

　　这才是孩子爱看的疯狂新科技．新能源与新材料／
新新世纪编著．－－ 北京：航空工业出版社，2023.12
　　ISBN 978-7-5165-3529-5

　　Ⅰ．①这… Ⅱ．①新… Ⅲ．①新能源－少儿读物②材
料科学－少儿读物 Ⅳ．① N49

　　中国国家版本馆 CIP 数据核字 (2023) 第 197420 号

这才是孩子爱看的疯狂新科技·新能源与新材料
Zhecaishi Haizi Aikande Fengkuang Xinkeji · Xinnengyuan yu Xincailiao

航空工业出版社出版发行
（北京市朝阳区京顺路 5 号曙光大厦 C 座四层　100028）
发行部电话：010-85672688　010-85672689

三河市双升印务有限公司印刷　　　全国各地新华书店经售
2023 年 12 月第 1 版　　　　　　　2023 年 12 月第 1 次印刷
开本：710×1000　1/16　　　　　　字数：10 千字
印张：4　　　　　　　　　　　　　定价：148.00 元（全 4 册）

目 录

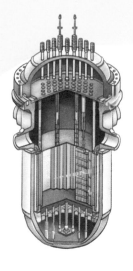

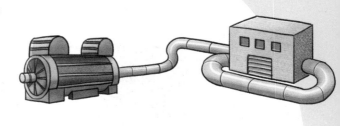

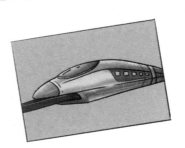

需要充电宝

手机快没电了，你带充电宝了吗？

我没带充电宝，我们去租一个吧。

如果城市里有个超级充电宝就好了，就不怕手机没电了。

你说的这种超级充电宝确实存在，就是抽水蓄能电站。

抽水蓄能电站？和水电站有什么区别？也能用来充电吗？

你的视野只有手机那么大吗？

1

上水库，又叫天池。

上水库

电能不足时，打开闸门，上水库的水倾泻而下，变水的重力势能为动能。

电能过剩时，启动电动机带动水泵，将下水库的水抽到上水库，变电能为水的重力势能，把电能储存起来。

电动发电机

可逆水轮机

2

什么是抽水蓄能电站?

抽水蓄能电站是靠电能把水抽到高处，变电能为水的重力势能，从而把电能储存起来的设施。抽水蓄能电站一般建在山地，除削峰填谷作用外，万一出现大面积停电故障，还可以利用抽水蓄能电站储备的电能激活电网，这一功能称为"黑启动"。

上下水库之间有管道连接。

上水库放水时，水流冲击水轮机，带动发电机发电，变水的动能为电能，把储存的电能释放出来。

下水库

丰宁抽水蓄能电站

　　位于河北承德的丰宁抽水蓄能电站，总装机容量3600兆瓦，上下水库落差425米，于2021年5月21日投入使用，是世界上最大的抽水蓄能电站。它主要由上水库、下水库和地下厂房组成。

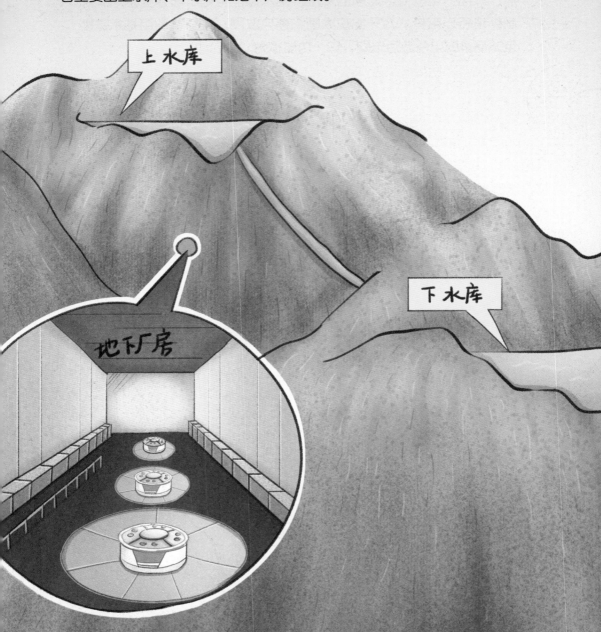

畅游核电小城

在核电站周边生活安全吗?

这是第三代核电技术，安全性甩老技术好几条街。

我们上次来这里的时候，周围还是一片荒芜。现在都成为一个小城市了。

这里是核电厂的生活区，繁华吧!

这么说我就放心了。

5

核电站是怎么工作的?

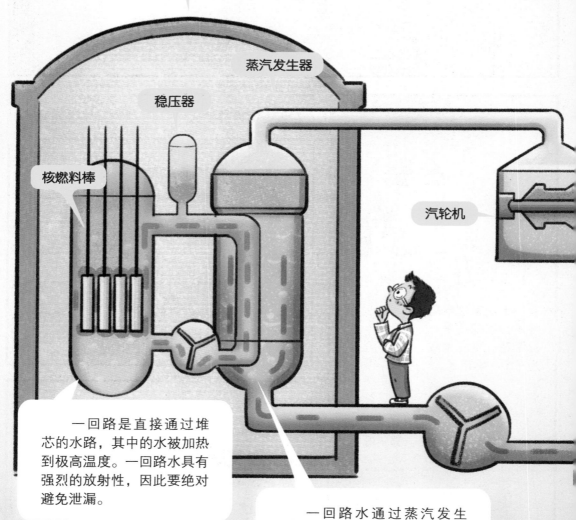

核岛厂房

蒸汽发生器

稳压器

核燃料棒

汽轮机

一回路是直接通过堆芯的水路，其中的水被加热到极高温度。一回路水具有强烈的放射性，因此要绝对避免泄漏。

一回路水通过蒸汽发生器，给二回路水加热，使二回路水产生蒸汽，驱动汽轮机并带动发电机。二回路水由一回路水加热，没有放射性。

发电机

三回路用来给二回路散热，其中的水一般是海水或者河水，通过冷凝器给二回路中的蒸汽降温，使其变回液态。三回路水没有放射性。

冷凝器

华龙一号核电技术

华龙一号是我国自主研制的第三代核电技术，具有双层反应堆外壳、互为备份的两个安全厂房、新增独立的核岛消防泵房等技术设备，极大地提高了系统的安全性。

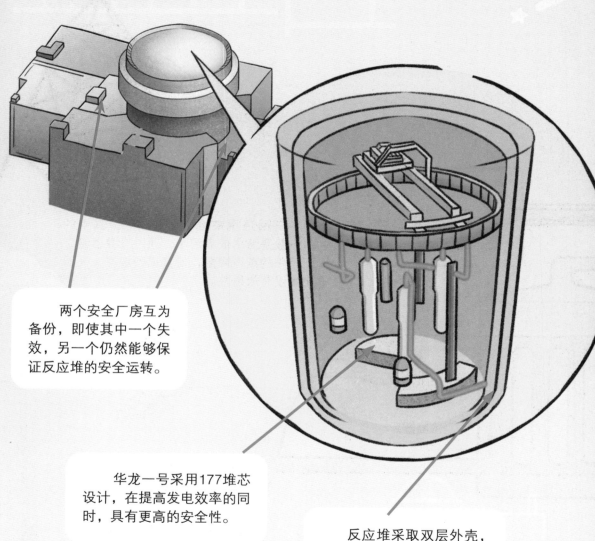

两个安全厂房互为备份，即使其中一个失效，另一个仍然能够保证反应堆的安全运转。

华龙一号采用177堆芯设计，在提高发电效率的同时，具有更高的安全性。

反应堆采取双层外壳，具有良好的抗震性能，而且能够抗击大型飞机的撞击。

哥哥又被难住了

又在看武器照片？

这是氢弹，威力最大的武器，依靠核聚变反应爆炸。厉害吧？

什么是核聚变反应？

这……

还是知其然不知其所以然啊！

呃……

9

从核聚变到可控核聚变的转换

核聚变是指氕（dāo）、氘（chuān）等比较轻的原子在超高温和超高压作用下互相聚合，产生较重的氦等原子，并释放大量能量的过程，可怕的氢弹就是根据这一原理制造的。让核聚变在反应过程中持续而稳定地输出能量，即为可控核聚变。可控核聚变主要通过托克马克装置，即可控核聚变装置实现。

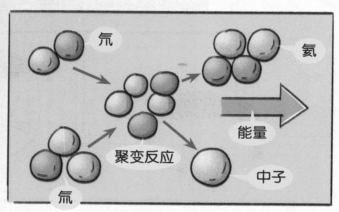

核聚变原理示意图

托克马克装置外观

真空室：用于盛放等
离子体❶的氘、氚等物质。

中央螺线管为
磁场线圈供电。

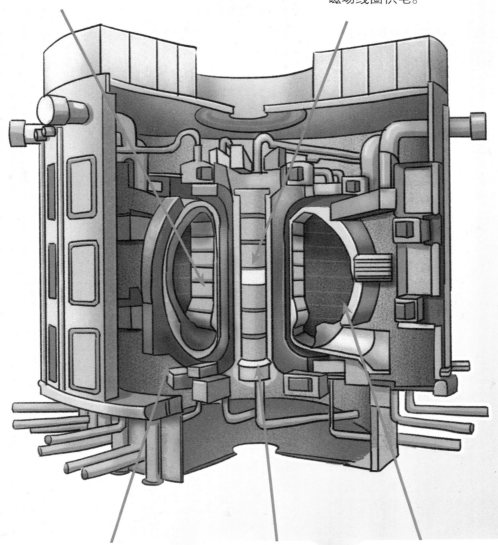

磁场线圈产生超
导磁体❷，用磁场来
控制等离子体。

收集器用
来排出核聚变
反应中的氦。

包层模块用于
吸收核聚变反应中的
热量和高能中子（原
子核的组成部分）。

❶ 等离子体是不同于固体、液体和气体的一种物质状态。
❷ 关于超导磁体，参考本书"超导材料"一节。

可控核聚变的应用

传统的核动力采用核裂变装置，需要使用铀（yóu）、钚（bù）等放射性元素。海水中含有巨量的安全能源——氘，一旦可控核聚变实用化，将成为人类解决能源危机的突破口。

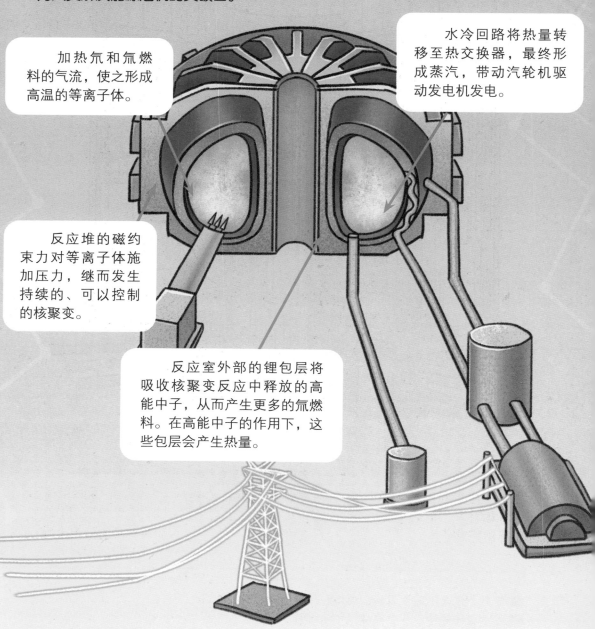

加热氘和氚燃料的气流，使之形成高温的等离子体。

水冷回路将热量转移至热交换器，最终形成蒸汽，带动汽轮机驱动发电机发电。

反应堆的磁约束力对等离子体施加压力，继而发生持续的、可以控制的核聚变。

反应室外部的锂包层将吸收核聚变反应中释放的高能中子，从而产生更多的氚燃料。在高能中子的作用下，这些包层会产生热量。

写生出错

我要画一座威武壮观的大水坝!

画得不错呀!

那是当然!

哪个地方错了?

哎呀!你有个地方画错了!

你没发现吗,水坝的曲线方向搞反了。

啊?!

13

白鹤滩水电站

白鹤滩水电站位于云南省巧家县大寨镇与四川省凉山彝族自治州宁南县六城镇交界处，坝顶高程834米，最大坝高289米，总装机容量1600万千瓦，是世界第二大水电站。

> 水库正常蓄水位825米，水库总库容206亿立方米。

> 水流从岸塔式进水口进入地下厂房。

> 流经厂房、完成发电任务的水，从尾水出口再次进入金沙江。

三峡大坝

　　三峡大坝采用了另一种坝体类型——重力坝，就是利用自身重力来承载水压和保持稳定的水坝。

坝顶高程185米

发电厂房内共有26台机组。

泄洪坝段

太阳能车

17

什么是光伏发电？

光伏发电是利用光伏材料的光电特性产生电能的发电方式。光伏发电系统主要由光伏组件、逆变器等部分组成。

光伏发电应用非常广泛，小到太阳能计算器，大到空间站，人们还建设了巨大的光伏电站用来发电。

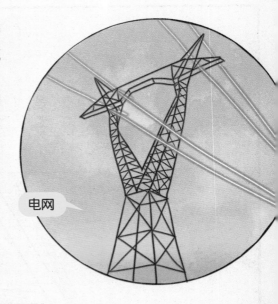

电网

光伏组件可以将太阳能转化为电能。下面可以进行种养殖经营。

光伏组件

用电

通过电网将电传输给用户。

买电

卖电

逆变器将光伏组件送来的直流电变为交流电，再输入电网。

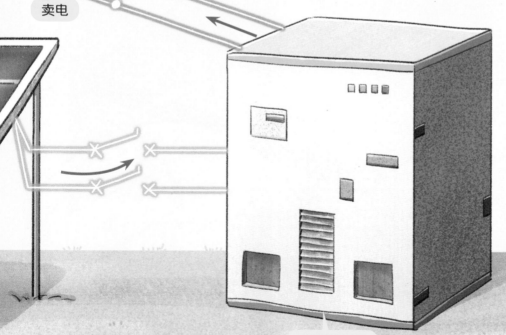

并网逆变器

什么是光电效应?

光伏发电就是利用半导体的光电效应产生电能的发电方式。简单而言，就是某些物质被光照时会释放出电子的效应，发射出来的电子被称为"光电子"。

当光伏材料受到光照后，光的能量被施加给电子，电子吸收的能量足够大时，就会克服材料本身的引力，从材料的表面释放出来，从而产生电流。

电子

太阳能电池板的计算器

厉害的太阳能

烫死了！

这么好的天气，因此晒出的水也特别热。

你说的就是光热发电。

如果能用太阳能热水器发电就好了。

光伏发电和光热发电不一样啊！

太阳能发电不是依靠光电效应吗？

光热发电是如何进行的?

常见的光热电站由集热塔集中太阳的热量，通过熔盐（一种液体盐）储存热能并给水加热，从而驱动汽轮机带动发电机来发电。

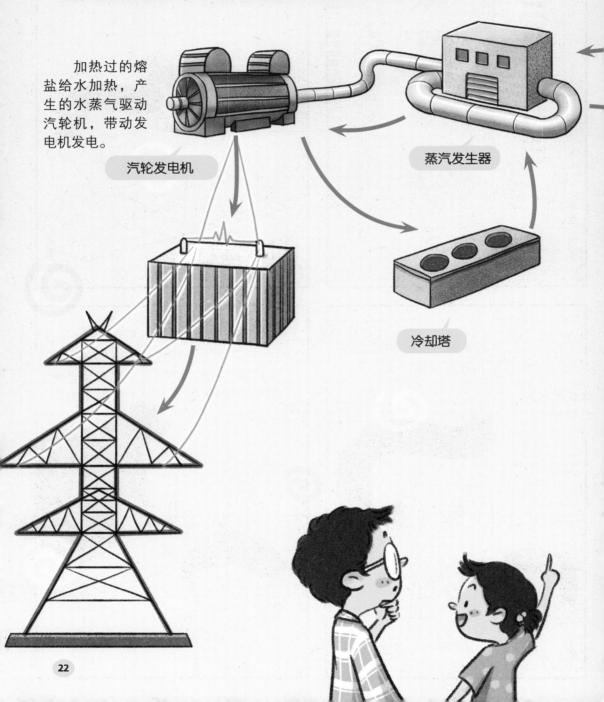

加热过的熔盐给水加热，产生的水蒸气驱动汽轮机，带动发电机发电。

汽轮发电机

蒸汽发生器

冷却塔

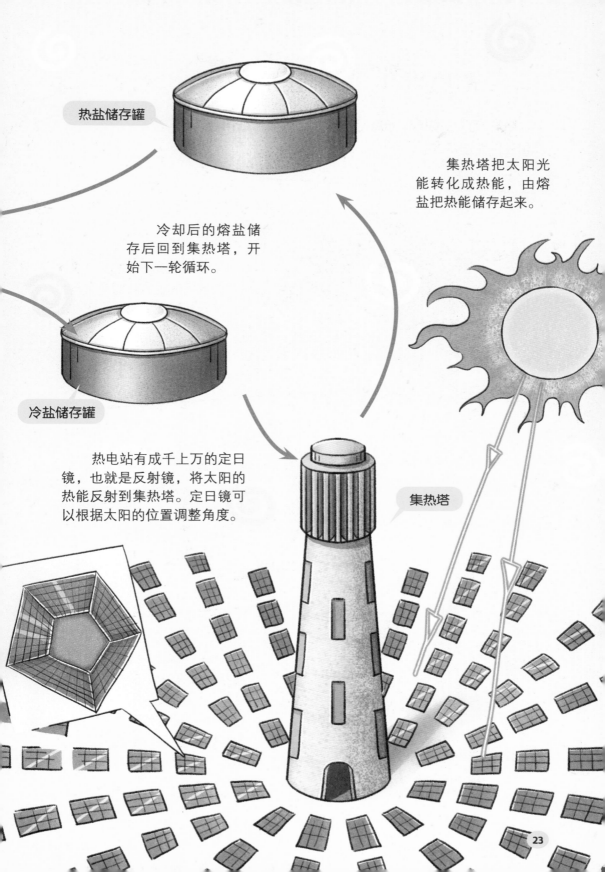

热盐储存罐

集热塔把太阳光能转化成热能，由熔盐把热能储存起来。

冷却后的熔盐储存后回到集热塔，开始下一轮循环。

冷盐储存罐

热电站有成千上万的定日镜，也就是反射镜，将太阳的热能反射到集热塔。定日镜可以根据太阳的位置调整角度。

集热塔

光热发电的其他形式

除前文介绍的塔式光热电站外，光热电站还有槽式、碟式和线性菲涅尔式。

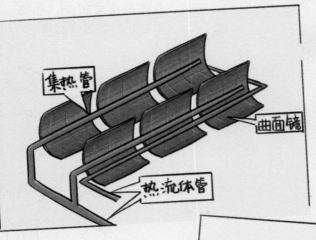

槽式光热电站通过曲面镜反射太阳光，由位于焦线上的集热管收集热量。

碟式光热电站有点像民用的太阳灶，反射器呈抛物面状，通过位于焦点上的接收器收集热量。

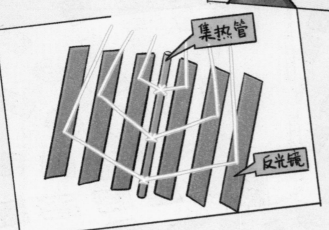

线性菲涅尔式光热电站由槽式技术衍生而来，采用并列布置的长条形反射镜，把太阳光反射到焦线并由集热管集热。相当于把槽式反射面分割成长条形并展开成平面，直接安装在地面上。

汽车没电了

什么是新能源汽车？

　　新能源汽车是指采用非常规的车用燃料（常规燃料如汽油、柴油、天然气）作为动力来源的汽车。生活中使用最多的是纯电动汽车。

　　不同型号的电动汽车的驱动电机不同，有的采用独立的四轮驱动系统（指车辆前后轮都有动力），有的采用轮毂（gǔ）电动机（电动机直接安装在轮毂上）驱动。

纯电动汽车靠电池提供能源。

不同型号的电动汽车充电机构也有区别。

有的电动汽车的能量通过电缆而不是通过传动轴（把发动机发出的能量传递给车轮的机构）传递的，因此，电动汽车各部件的布置具有很大的灵活性。

纯电动汽车的布置形式

纯电动汽车的常见驱动电机布置形式包括以下四种：

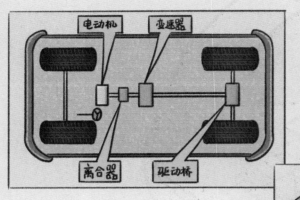

传统布置形式，依靠传动轴传动。

电动机-驱动桥组合式，将电动机安装在驱动桥上。

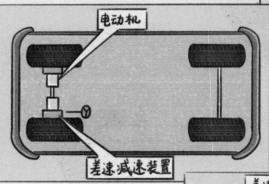

双电动机驱动式，两个电动机同步转动，各自带动一个车轮旋转。

轮毂电动机驱动式，动力、传动、刹车系统集成在一起，直接驱动车轮。

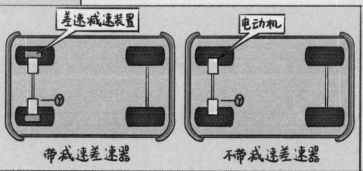

实验室里好冷

欢迎参观超导材料实验室!

为什么这台仪器被包起来了?

因为超导材料在温度极低的条件下才具有超导特性,所以要把仪器包起来保持低温。

汞需要在-268.95℃的低温下才具有超导特性,目前高温超导材料在-23℃就具备超导性能。

低温?温度有多低呢?

啊?-23℃就是高温了?

也许将来会实现室温超导吧。

超导材料原理

超导材料是指在一定条件下，主要是在低温条件下，电阻为零或无限趋近于零，同时内部磁场为零的材料。在−248.15℃以下具有超导性能的材料，称为低温超导体，在这一温度以上具有超导性能的材料，称为高温超导体。

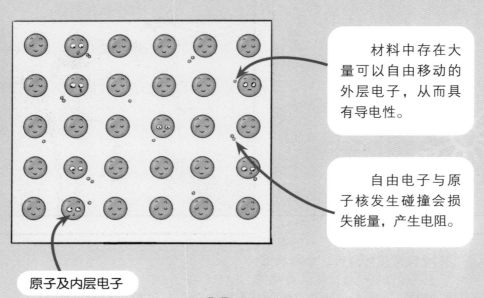

材料中存在大量可以自由移动的外层电子，从而具有导电性。

自由电子与原子核发生碰撞会损失能量，产生电阻。

原子及内层电子

温度降低到一定程度时，材料中的自由电子以高度规律的方式移动，从而避免与原子核相撞而损失能量，实现超导。

磁感线不会穿过超导体，所以超导体内磁场为零，利用这一现象，可以实现超导磁浮。

超导材料的应用

　　超导材料不仅是高大上的科研领域必备材料，也与我们的生活密切相关。下面就是超导材料常用的领域和场景。

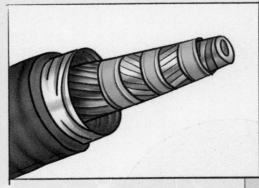

高温超导电缆已经广泛投入应用。

　　实现可控核聚变的托克马克装置，需要超导材料制造的超级磁体产生强磁场，约束装置中的超高温等离子体。

医院中磁共振仪所需要的强磁场是通过超导材料制作的线圈通电后产生的。

　　超导磁浮列车的速度可以达到620千米/时，将来会投入商业化运营。

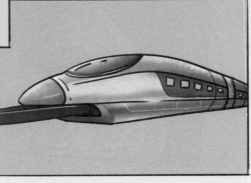

老式收音机

CPU插进去，再装上风扇，电脑升级就完成了！

想不到你还有这手艺。

还是羡慕你用笔记本电脑，轻便。

这得益于半导体技术的进步，集成电路的功能越来越强大、体积越来越小。

半导体？不是奶奶的老收音机么？

天哪！这都能混淆……

什么是半导体材料?

导电性能良好的材料是导体,不导电的材料是绝缘体,导电性能介于两者之间的材料就是半导体。

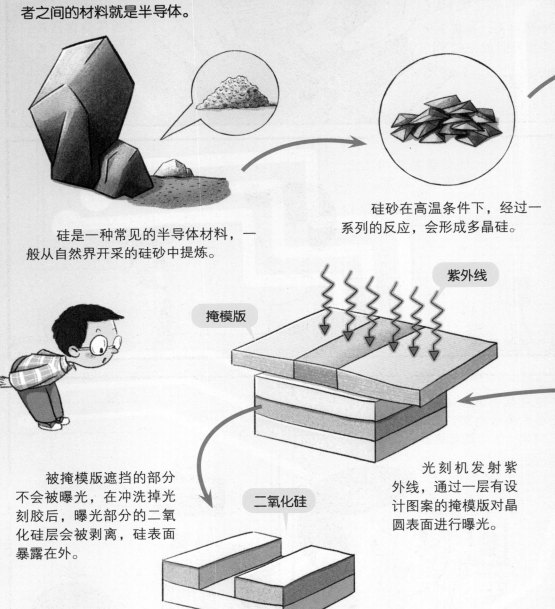

硅是一种常见的半导体材料,一般从自然界开采的硅砂中提炼。

硅砂在高温条件下,经过一系列的反应,会形成多晶硅。

紫外线

掩模版

被掩模版遮挡的部分不会被曝光,在冲洗掉光刻胶后,曝光部分的二氧化硅层会被剥离,硅表面暴露在外。

二氧化硅

硅

光刻机发射紫外线,通过一层有设计图案的掩模版对晶圆表面进行曝光。

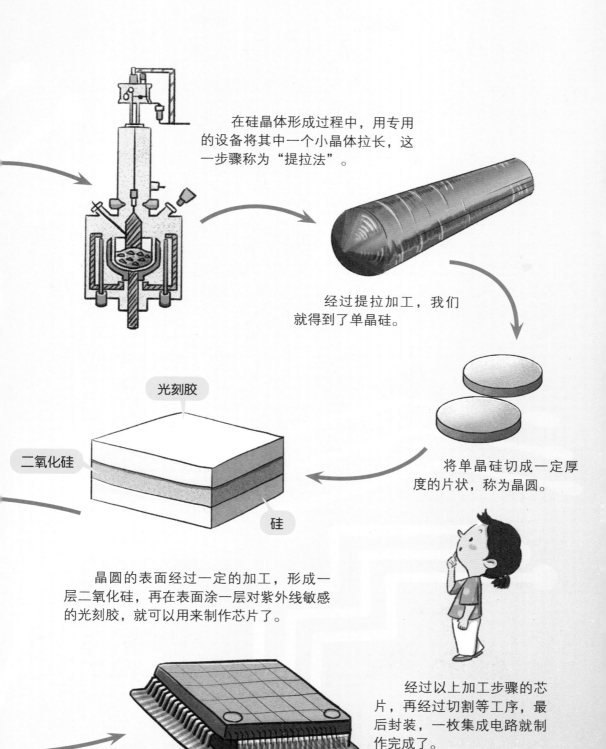

在硅晶体形成过程中，用专用的设备将其中一个小晶体拉长，这一步骤称为"提拉法"。

经过提拉加工，我们就得到了单晶硅。

将单晶硅切成一定厚度的片状，称为晶圆。

光刻胶

二氧化硅

硅

晶圆的表面经过一定的加工，形成一层二氧化硅，再在表面涂一层对紫外线敏感的光刻胶，就可以用来制作芯片了。

经过以上加工步骤的芯片，再经过切割等工序，最后封装，一枚集成电路就制作完成了。

半导体材料的发展

人类对半导体的应用，可以追溯到20世纪20年代。到了20世纪40年代，晶体管出现，半导体时代来临。

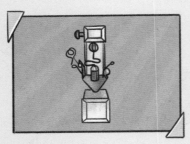

❶晶体管出现在1947年，它是以锗（zhě）为主要材料，可以通过电信号来控制自身开合。

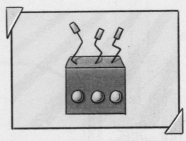

❷20世纪50年代初，最早的商用晶体管投入使用。

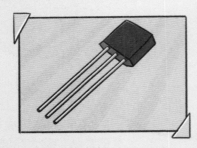

❸人们发现锗晶体管在温度较高时容易出现故障，因此于1954年发明了硅晶体管。

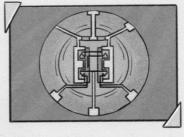

❹1958年，世界上第一枚集成电路在美国诞生。集成电路将元器件和导线集中在一块芯片上。

❺英特尔公司创始人摩尔提出了一个定律：价格不变的前提下，集成电路上能被集成的晶体管数目，约每隔18个月便会增加一倍，性能也将提升一倍。

❻1971年3月，英特尔成功生产了可以处理4位数据和8位数据的芯片。它们打开了电脑普及的大门，并将人类带入大规模和超大规模集成电路时代。

硬盘和磁盘

磁性存储介质

我们的旧电脑上就用的这种硬盘。

可惜硬盘消磁了，资料没能抢救出来。

用固态磁盘就不怕这种现象了。

是固态硬盘，固态硬盘！不是磁盘！

磁性材料的特点

利用磁性能和磁效应来实现能量和信息的转换、传递、调制、存储和检测等功能作用的材料被称为磁性材料。根据物质在外磁场中表现出的特性，物质可分为五类。

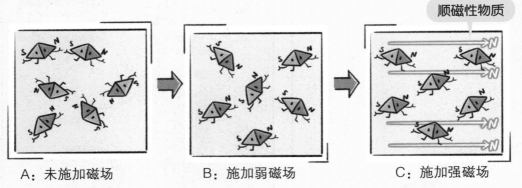

A：未施加磁场   B：施加弱磁场   C：施加强磁场

顺磁性物质靠近磁场时，可依磁场方向发生磁化，但是内部磁场很微弱。如果把外加磁场移走，其内部的磁场会归零。如铝、氧气等。

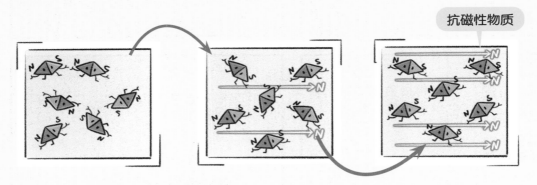

抗磁性物质受外部磁场作用时，磁场方向与外磁场方向相反。如石墨、铅、水等属于抗磁性物质。

铁磁性物质在外部磁场的作用下被磁化后，即使外部磁场消失，依然能保持其磁化的状态。铁、钴、镍都是铁磁性物质。

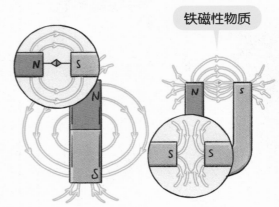

亚铁磁性物质的磁化率比铁磁性物质低一些，它们与铁磁性物质的最显著区别在于内部磁结构的不同。天然磁铁矿（四氧化三铁）就是一种常见的亚铁磁性物质。

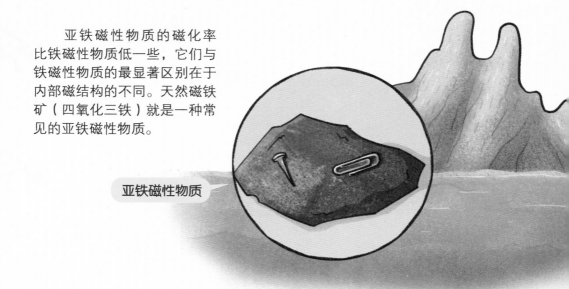

亚铁磁性物质

反铁磁性物质放在磁场内，其内部不会产生磁场。这种物质只存在于低温情况下，超导材料就属于反铁磁性物质。

反铁磁性物质

永磁材料

　　顺磁性物质和抗磁性物质被称为弱磁性物质，铁磁性物质、亚铁磁性物质被称为强磁性物质。我们通常所说的磁性材料一般是指强磁性物质。

　　硬磁材料又叫永磁材料，这类材料难以磁化，一旦磁化又难以退磁。部分列车的电动机，就采用了永磁材料。

胶片拍摄的乐趣

光敏材料有哪些?

　　光敏材料是指性能或特征在外界光辐射的作用下发生明显改变的材料。常见的光敏材料有以下几种。

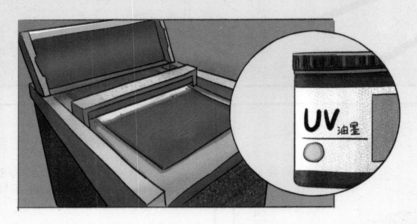

　　光敏涂料对紫外线十分敏感，在喷涂完毕后，用紫外线灯照射，光敏涂料会迅速变得干燥。

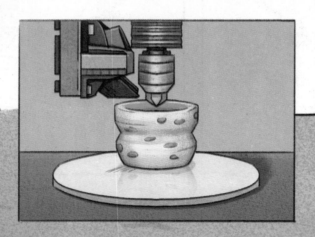

　　光敏胶有两种，一种经过紫外线照射后更结实；一种经过紫外线照射后会溶解，让粘接件更容易拆下来。3D打印多采用光敏胶。

光导电高分子材料在受到光照时，导电性能会发生明显的变化。例如，光敏电阻在遇到特定波长的光或自然光照射时，电阻会明显减小。

光致变色聚合物在光的作用下可以变色，最常见的应用是变色镜、变色玻璃。

光稳定剂能够反射或屏蔽全部波长或特定波长的光，从而保护易受光照损害的材料。防晒霜的成分之一就是光稳定剂。

反射紫外线

吸收紫外线

感光材料的原理

感光材料是人类较早使用的光敏材料，最常见的适用领域就是胶片摄影。我们以比较简单的黑白胶片为例，探讨胶片是如何变成照片的。

拍摄后，胶片不同部位根据受光量的不同，会形成看不见的潜像。

显影剂将胶片上的卤化银（一种感光材料）还原成银，受光强的地方产生的银会更多，从而形成黑白灰层次分明的负片，也就是颜色与实际相反的胶片。

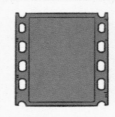

用水或酸性溶液冲洗掉显影液，停止显影的化学反应。

此时的胶片上还残留有一定的卤化银，用定影液（去掉未感光的卤化银的药剂）将其去掉，一张负片就冲洗完成了。

那么，负片如何变成我们看到的照片呢？只需要以冲洗完毕的胶片为底片，让相纸曝光后，再对相纸重复一遍上述冲洗过程，我们就得到黑白照片了。

字迹消失了

妹妹，你还收着几年前的购物小票呢？

没什么用，扔掉吧。

让我看看我们买过什么：饮料……牙膏……咦，后边的几张没有字了。

这是用热敏打印纸打印的，时间长了就褪色了。

唉，真担心我打印的漫画稿褪色……

放心吧，家用打印机用的不是热敏打印纸。

什么是热敏材料？

热敏材料又叫温度敏感材料，这一类材料会根据所处环境温度的变化，在导电性能、颜色、形状等方面出现明显变化。

热敏纸是我们生活中最常见的一种热敏材料。

保护涂层，保护打印机的热敏元件。

保护涂层

纸基层

纸基层，就是纸张，热敏打印纸的基础。

热敏涂层

热敏涂层。物理型主要利用热敏材料受热后在固态、液态、气态之间的转变来显示颜色，化学型通过受热后的化学反应变色来显示字迹。

打印头通过压
力或直接发热给热
敏打印纸加热。

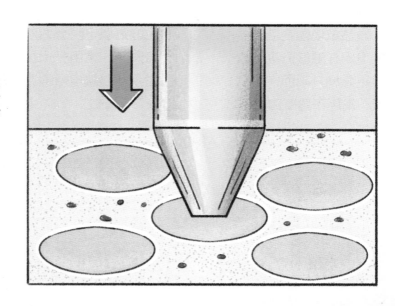

打印头离开热
敏打印纸，就会在
纸张上显示出字迹。

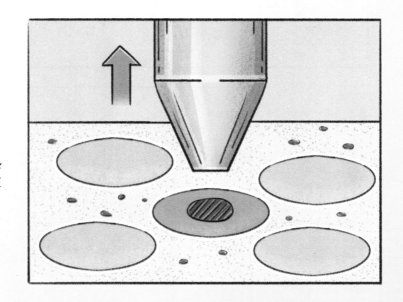

热敏电阻

　　热敏电阻在电器中很常用。常见的热敏电阻分为两种：正温度系数热敏电阻在温度升高的情况下，电阻值升高，常用于保护系统免受因电流、电压急剧升高而产生的破坏；负温度系数热敏电阻的温度越高，电阻值越低，常用于温度测量等场合。

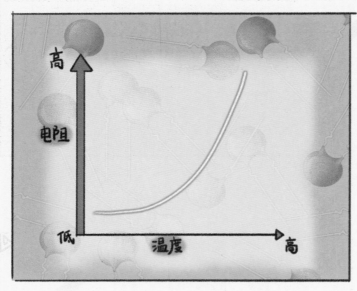

正温度系数热敏电阻

负温度系数热敏电阻

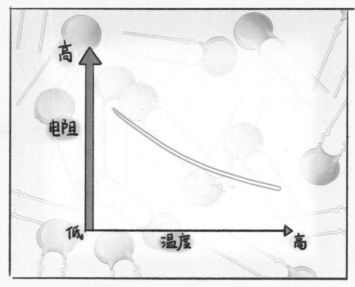

一叶障目

你看不见我！你看不见我！

"一叶障目"还是"掩耳盗铃"，两个成语你自己挑一个吧！

我就是觉得好玩嘛……

目前正在研究一种"超材料"，能让光线绕过，实现视觉上的隐身。

那么酷？！

即使研制成功，也不能落在你的手里，怕你拿去干坏事儿！

我有那么坏吗？

49

隐身材料是怎么隐身的?

隐身材料主要敷设于军用飞机、舰艇、战斗车辆的表面,也可以制作成作战服装,用于对抗敌方的雷达、声呐、红外和可见光观测。

入射波

反射波

隐身涂层可以吸收或者透过电磁波,减少或杜绝电磁波的反射,降低雷达反射面积。

普通战斗机红外成像

红外隐身材料可以控制机身表面或发动机喷口等位置的发热率，从而降低红外特征，减小被红外制导弹药攻击的危险。

隐形战斗机红外成像

声隐身材料——消声瓦

为了对付声呐，潜艇表面多数设有消声瓦。消声瓦中间是泡沫状或者中空结构，能消耗掉声波，使返回的声波能量大大降低，达到减少声呐探测距离的目的。

我要学核专业

这是核燃料组件，可插入反应堆堆芯。

这是控制棒，可以控制反应堆的反应速度。如果需要紧急停机，就把控制棒完全插入堆芯。

厉害啊！学问见长啊！

那当然，我还想将来学核专业呢！

先把昨天数学作业的错题改了吧！

呃……

什么是核材料？

核材料主要是指用于核聚变和核裂变反应的材料。目前常用的核材料有铀-235和钚-239。我们以铀-235为例，来看一看反应堆的组成和运转方式。

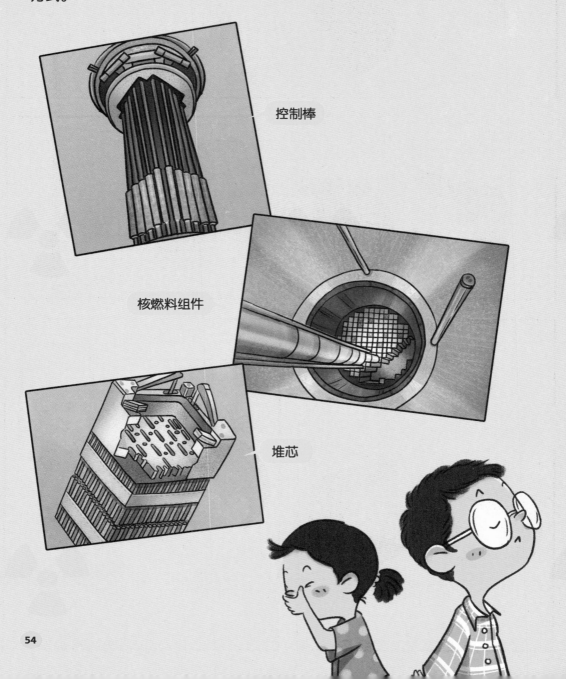

控制棒

核燃料组件

堆芯

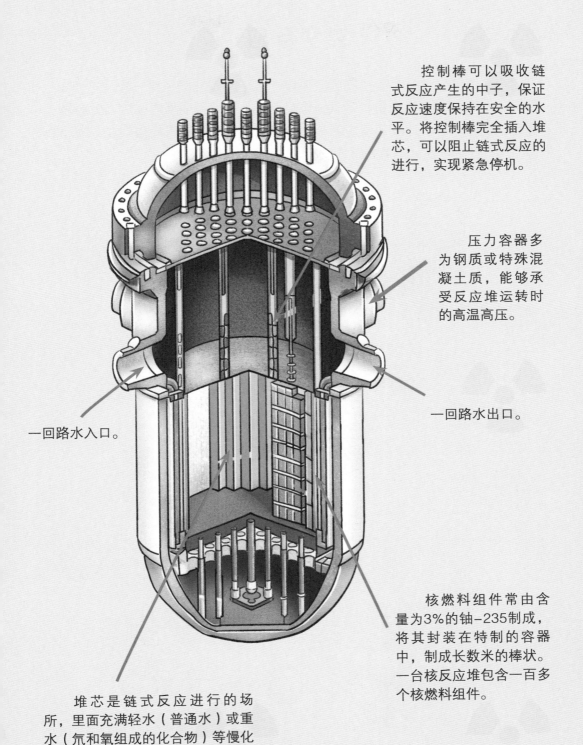

控制棒可以吸收链式反应产生的中子，保证反应速度保持在安全的水平。将控制棒完全插入堆芯，可以阻止链式反应的进行，实现紧急停机。

压力容器多为钢质或特殊混凝土质，能够承受反应堆运转时的高温高压。

一回路水出口。

一回路水入口。

核燃料组件常由含量为3%的铀–235制成，将其封装在特制的容器中，制成长数米的棒状。一台核反应堆包含一百多个核燃料组件。

堆芯是链式反应进行的场所，里面充满轻水（普通水）或重水（氘和氧组成的化合物）等慢化剂，以控制反应速度。

裂变反应

　　一个中子撞击一个铀-235的原子核，会让铀-235原子核一分为二，产生2~3个中子并释放能量，这就是裂变反应。如果裂变反应剧烈，就会发生可怕的核爆炸。让裂变反应持续、稳定地进行，实现可控核裂变，就可以持续地产生能量，这就是链式反应。

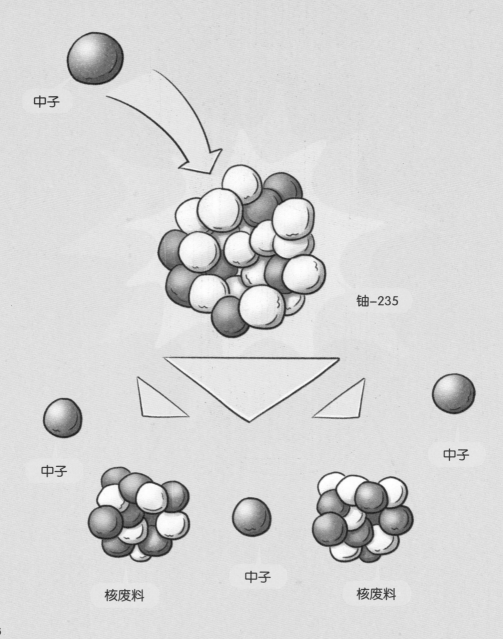

中子

铀-235

中子

中子

中子

核废料

核废料

纳米多大呀?

常见的纳米材料

纳米材料是指由三维尺寸（可以理解为长、宽、厚）至少有一维在1～100纳米之间的粒子组成的，且具有特殊性能的材料。

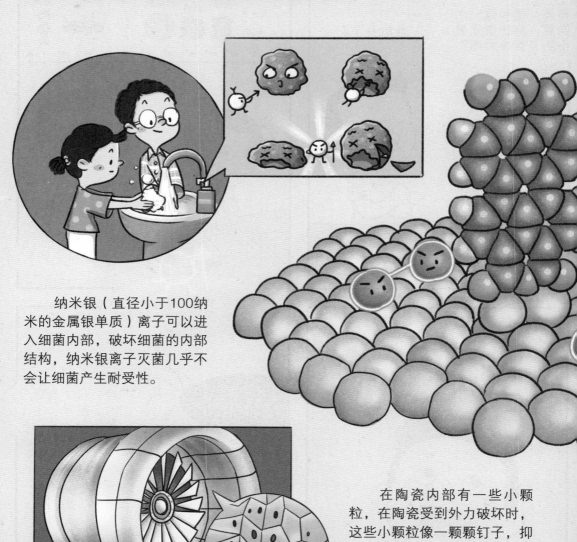

纳米银（直径小于100纳米的金属银单质）离子可以进入细菌内部，破坏细菌的内部结构，纳米银离子灭菌几乎不会让细菌产生耐受性。

在陶瓷内部有一些小颗粒，在陶瓷受到外力破坏时，这些小颗粒像一颗颗钉子，抑制裂纹扩散，能让陶瓷材料更加坚固，这种材料被称为"晶内型纳米复相陶瓷"。

二氧化钛纳米管具有很强的吸附性，而且透光率高，是制造高性能的吸附剂、触摸屏、太阳能电池的重要材料。

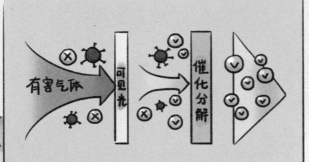

氧化镍和硫化镉（gé）两种纳米材料混合，在可见光照射下，会加速有害物质的分解，这种现象称为"光触媒反应"。

碳管海绵　纳米带海绵

碳纳米管　纳米带

碳纳米管骨架　纳米带骨架

采用石墨烯（xī）制造的纳米海绵，应用到碳纤维复合材料当中，可以提高其性能，在航天器制造等领域有重要的作用。

纳米材料的原理

　　纳米材料由于结构特殊，具有特殊的性能。其原理我们以碳纳米管为例来介绍。

　　由于颗粒变小，其比表面积（单位质量物料所具有的总面积，单位是平方米/克）随之增加，从而产生特殊的光学性质、热学性质、磁学性质和力学性质等。

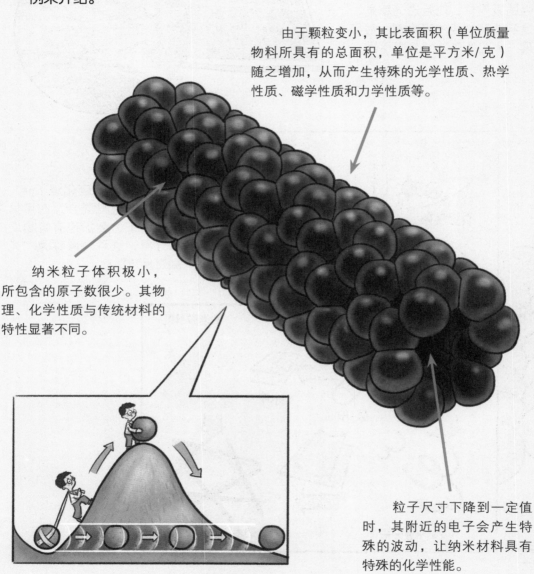

　　纳米粒子体积极小，所包含的原子数很少。其物理、化学性质与传统材料的特性显著不同。

　　粒子尺寸下降到一定值时，其附近的电子会产生特殊的波动，让纳米材料具有特殊的化学性能。

　　纳米粒子可以穿越势能比附近的势能（储存在一个系统内的能量，可以转化为其他形式的能量）都高的空间区域，这一效应可以让纳米材料具有特殊的磁性能或导电性能。

这才是孩子爱看的

疯狂新科技

4 信息科技

新新世纪◎编著

航空工业出版社
北京

内 容 提 要

这是一套适合7岁以上孩子看的科技启蒙图画书。本书共有4册，每册选取最有远见性、代表性的前沿科技为主题，分别为航空航天、生命科学、新能源与新材料、信息科技。每册以科学的体例、简洁的语言、有趣的知识点、生动的插图，让孩子从小爱上科学，拥有探索科学的勇气，提高自身的进取精神、创新能力和学习能力。

图书在版编目（CIP）数据

这才是孩子爱看的疯狂新科技．信息科技 ／ 新新世
纪编著．－－ 北京 ：航空工业出版社，2023.12
ISBN 978-7-5165-3529-5

Ⅰ．①这… Ⅱ．①新… Ⅲ．①信息技术－少儿读物
Ⅳ．① N49

中国国家版本馆 CIP 数据核字 (2023) 第 197418 号

这才是孩子爱看的疯狂新科技·信息科技
Zhecaishi Haizi Aikande Fengkuang Xinkeji· Xinxi Keji

航空工业出版社出版发行
（北京市朝阳区京顺路 5 号曙光大厦 C 座四层　100028）
发行部电话：010-85672688　010-85672689

三河市双升印务有限公司印刷　　　　全国各地新华书店经售
2023 年 12 月第 1 版　　　　　　　2023 年 12 月第 1 次印刷
开本：710×1000　1/16　　　　　　字数：10 千字
印张：4　　　　　　　　　　　　　定价：148.00 元（全 4 册）

目录

看不懂的网页

我英语不好，这个英文网页我看不懂啊。

我也看不懂，因为这根本不是英文。

你可以试试机器翻译，电脑上装了翻译软件。

不过你还是加油学外语吧，不然连是不是英文都分不清。

……

1

会议同声传译

机器翻译的应用

机器翻译就是通过相应的设备和软件，
将一种语言翻译成另一种或多种语言。

问路

地下鉄で空港に着
くことができます。

坐地铁就可以
到机场。

机器翻译面临的挑战

机器翻译具有可以涵盖几乎所有语种、翻译速度快等优点，也存在译文语序混乱、不符合语法等缺点。为何机器翻译还不能完全达到"信、达、雅"？因为机器翻译面临着三项挑战。

挑战一

一意多词情况很常见，究竟选择哪个词最为合适？这需要机器翻译系统不断学习。

挑战二

不同的语言有不同的语序，同一种语言不同语序可能产生不同的意义，机器翻译需要形成适当的语序。

挑战三

在机器翻译中，大语种翻译使用较多，数据丰富，小语种的数据非常少，这就导致了小语种的资料不足。

突然变冷的空调

怎么突然这么冷?

智能家居，请打开空调!

刚才是你开空调来着？我说怎么突然这么冷。

是啊，怎么了？

智能空调能记住家里每个人的声音和使用习惯，你喜欢温度低，差点把我冻死。

嘿嘿……

5

智能控制技术的应用

智能控制是无须人的干预就能够自主地驱动智能设备运转的自动控制。

将智能控制技术应用于工业领域，可以有效地提高生产效率，节约生产成本。

将智能控制技术应用于电网故障检测、供电调度等系统中，可提高电网运行效率。

智能服务机器人、智能家居机器人已经广泛投入使用，方便人们的生活。

智能家居

　　智能家居是智能控制的重要应用领域，也是距离我们生活最为接近的领域。通过手机、电脑等终端，或直接由语音发出指令，通过家庭网络控制智能设备的运转。

智能厨房

智能灯光窗帘

家庭网络中心

智能家电

智能卫浴

智能安防

丰收年

遥感技术及其应用

遥感是一种非接触、远距离的探测技术，常用摄影或者其他方法获取被探测目标的图像和数据。

资源遥感是以遥感技术调查自然资源状况的方法。

环境遥感通过获得环境污染的遥感图像，为环境保护提供决策依据。

农作物遥感估产是通过飞机或卫星监测作物长势，预测作物的产量。

通过遥感技术，可以对可能或已经发生的灾害进行检测，为防灾救灾提供决策依据。

遥感技术的分类

常见的遥感技术分为可见光／反射红外遥感、热红外遥感和微波遥感三种。

可见光／反射红外遥感，是利用可见光和近红外波段的遥感技术。通过地物对太阳辐射的反射率的差异，可以获得有关目标物的信息。

热红外遥感，指探测物体的热辐射能量，显示目标的辐射温度或热场图像的遥感技术。

微波遥感是通过接收物体发射的微波辐射能量，或接收仪器本身发出的电磁波束的反射信号，对物体进行探测的遥感技术。

无人港口

好大的港口啊！

这是无人码头，装货卸货都靠机器完成。

天上有北斗卫星，地上有导航系统……总之，相信人类的智慧。

13

繁忙的无人港口

繁忙的港口吊机起落、车辆往返，井然有序、忙而不乱，却空无一人——这就是现代化的无人港口。

❸ AGV通过磁钉或北斗卫星导航定位系统定位。

❹ AGV采用电池供电，当电能不足时，系统会自动安排AGV到换电站更换电池。

❷ 中转平台的门架小车将集装箱放置在AGV（自动引导运输车）上。

⑤AGV将集装箱码放在指定区域。最后由集装箱卡车运走。

①桥吊从船上吊起集装箱并移动到码头后，将其放置到中转平台。

无人港口中的5G通信技术

利用5G通信技术，可以保证无人港口的运行顺畅。

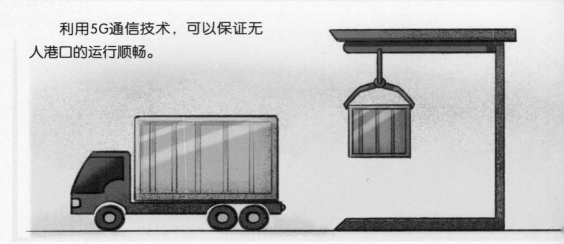

5G通信技术与其他技术结合，实现港口的自动理货、自动管理。

利用5G网络实现对港口桥吊、轨道吊等设备的远程控制、高清视频回传。

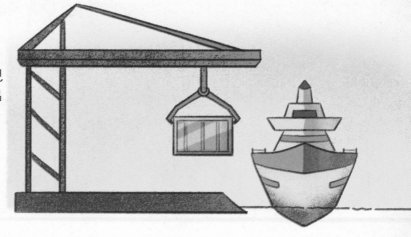

电子商务

妹妹，告诉奶奶，又来新订单了！

知道了！

我和爷爷奶奶都忙不过来了，你也不来帮忙打包。

我要盯着订单和物流嘛！

咚咚咚！

一定是奶奶的电脑到货了。

爷爷奶奶就可以自己在网上卖土特产了。

什么都略懂一点，生活更多彩一些。

想不到你还懂电子商务。

快递

17

电子商务有哪些用处?

电子商务是以互联网为平台进行的商务活动，可以节约时间、省掉中间步骤、降低交易成本。

互联网是电子商务运行的平台和基础。

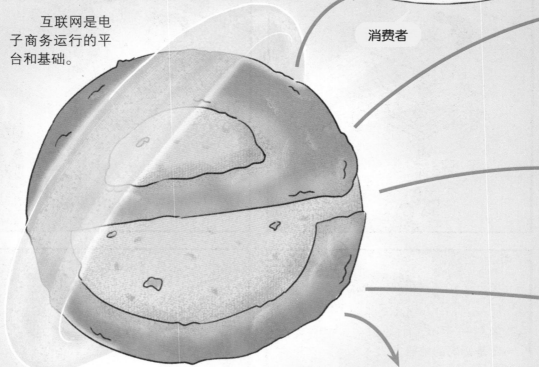

消费者

商家可以是电商平台本身，也可以是在电商平台开店的用户。

商家

配送中心

配送机构负责将商品从
商家送到消费者手中。

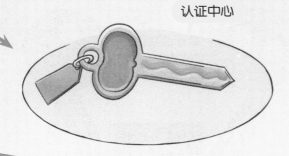

认证中心

认证中心负责发放和管
理电子证书,使网上交易的
各方互相确认身份。

银行

结算平台包括银行和提
供网上金融服务的机构,它
为商家与消费者提供在线结
算服务。

电子商务有哪些模式?

目前常见的电子商务模式,包括B2C、C2C等。B是商业性企业(Business)的英文第一个字母,C是消费者(Customer)的英文第一个字母,2是英文TO的谐音。

B2C是零售企业通过网络直接向消费者销售产品的模式。

C2C模式指个人通过电子商务网络直接相互交易。

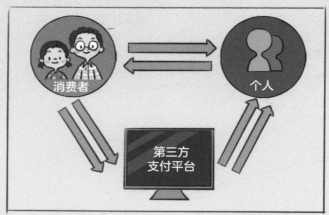

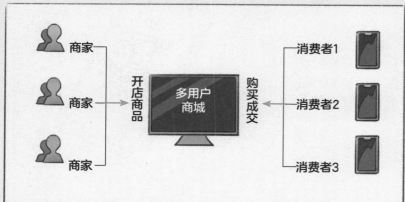

B2B2C模式就是卖家在网上交易平台上开店,与消费者进行交易的模式。

出行导航

奇妙的智慧城市

　　智慧城市是指在城市规划、设计、建设、管理与运营中，通过智能计算技术的应用，使得城市关键基础设施和服务更互联、高效和智能的城市运营与管理机制。以下是智慧城市常见的应用场景。

社区

智慧家庭利用信息技术，让家居生活更为便捷、舒适。

红绿灯

学校

洒水车

　　智慧校园借助大数据、人工智能等现代信息技术手段，在校园安保、辅助教学、家校沟通等方面发挥作用。

　　智慧环卫依托物联网技术与移动互联网技术，对环卫管理所涉及的人力物力进行全过程实时管理，提升环卫作业质量，降低环卫运营成本。

创建智慧社区，为居民提供安全、高效、便捷的智能化管理和服务。

医院

卫生应急服务利用互联网平台建立应急指挥系统，共享公共卫生事件信息，对处理突发公共卫生事件实现统一指挥。

依靠新一代信息技术，通过建设实时的动态信息服务体系，为用户提供导航等服务。

消防车

智慧消防通过自动监测系统，将烟雾等异常情况报告至消防管理人员，达到迅速报警、迅速出警、迅速处置的目的。

智慧交通

智慧交通是智慧城市的重要组成部分，依靠大数据平台处理交通数据信息，为交通管理提供依据。

交通实时监控，实时了解交通拥堵状况和事故状况，为驾驶员和交通管理人员提供参考。

公共车和出租车调度，为调度部门提供客流量和交通状况等数据，为调度提供依据。

旅行信息服务，通过各种终端向旅行者提供综合交通信息。

车辆辅助控制，辅助驾驶汽车，或实现汽车的自动驾驶。

用云盘啊！

云技术及其应用

　　云技术是指在互联网或局域网内将硬件、软件、网络等资源统一起来，实现数据的计算、储存、处理和共享的一种托管技术。

　　在金融领域搭建网络，可以提高金融服务的效率，降低成本。

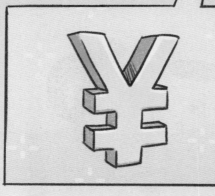

　　教育云可以为教学双方提供方便的教学平台和海量的教育资源。

医疗云是结合医疗技术，构
建的健康服务平台。

云会议让与会
者通过网络与世界各
地，甚至太空中的伙
伴实时沟通。

云存储是将网络中各种不
同类型的存储设备集合起来协
同工作，共同提供数据存储和
访问功能的一个体系。

云安全自动分析和
处理网络上的病毒、木
马，并将解决方案分发
到每一个客户端。

云技术的关键因素

实现云技术的应用，需要四个关键因素。

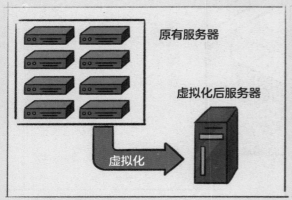

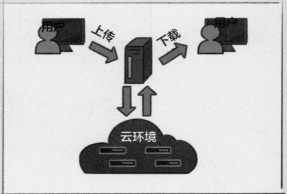

　　虚拟化技术是将一台服务器虚拟成多个独立的小服务器，或将多个服务器虚拟成一个大服务器。

　　散布式网络存储运用多台存储服务器分担存储负荷，增加了存储空间和可靠性，还有利于扩展。

　　海量数据管理技术可以对大量数据集进行处理和分析。
　　云计算平台管理技术协调大量的服务器协同工作，方便用户的同时在及时发现和排除自身故障方面发挥着重要作用。

大数据

漫画剧场

这个我想要，这个我也想要……

买这么多东西，算上你下个月的零花钱都不够。

呃……

因为大数据掌握了你这个年龄段男生的偏好。

网站怎么知道我喜欢这些东西？

这个说起来就复杂了……

大数据？

29

什么是大数据?

大数据是指超出传统数据处理能力的巨量数据的集合。

大数据可以帮助社交网络平台进行用户画像、个性化推荐,提升用户体验。

活泼　紫色
女孩
爱科技　思维敏捷

大数据可以帮助医疗机构进行管理,还可以帮助疾控部门提升公共卫生事件应急效率。

大数据可以帮助教育机构进行教育管理、课程设计等工作。

大数据可以帮助企业分析市场状况，供企业参考。

大数据可以帮助金融机构降低运营风险。

大数据的应用步骤

大数据的应用，分为四个步骤。

数据采集
将应用程序产生的数据同步到大数据系统中。

数据存储
海量的数据需要存储在系统中，方便下次使用时进行查询。

数据处理
原始数据需要经过处理加工才能应用，常见的数据处理方式包括离线处理和实时在线分析。

数据应用
经过处理的数据可以为用户提供服务。

倒车入库

什么是自动驾驶?

自动驾驶是在没有人为操纵的情况下进行汽车驾驶的一项前沿科技。

L1级自动驾驶是指能够完成横向或纵向自动控制中的一种。L2级自动驾驶可以对横向和纵向多项操作同时进行控制。更高级的L3、L4、L5级别自动驾驶技术也在逐步进入市场,实现由自动驾驶到无人驾驶的跨越。

保证车辆行驶在车道中心。

在拥堵时,自动驾驶系统可以让车辆自主跟车、保持车道,并对车辆转向进行微调。

自动驾驶与人类驾驶的对比

自动驾驶和人类驾驶类似，包括感知、决策、控制三个环节。

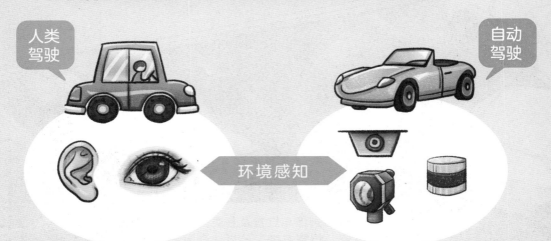

人类驾驶   自动驾驶

环境感知

依靠听觉和视觉感知路况信息。

依靠摄像机、雷达或卫星定位系统，感知路况、红绿灯颜色等信息。

决策与规划

依靠人脑判断下一步的操作。

依靠计算机和算法，决定下一步的操作。

控制与执行

人脑做出判断后，依靠手脚操作方向盘、排挡杆或踏板等。

系统做出决策后，自动对车辆进行相应的操作执行。

3D打印

3D打印的广泛应用

3D打印在很多行业都有广泛的应用，而且开始走进家庭，方便了人们的生产生活。

航空航天
通过3D打印来制造航空器、航天器的零件。

建筑业
用3D打印技术制作建筑模型供设计参考，甚至直接打印某些建筑构件。

模型、手办制作

游戏行业带动了周边产品的发展，让3D打印在这一领域大显身手。

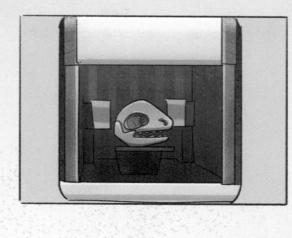

医疗行业

3D打印骨骼、牙齿已经得到广泛的应用。

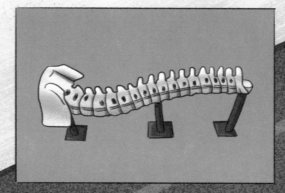

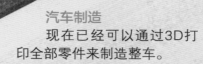

汽车制造

现在已经可以通过3D打印全部零件来制造整车。

3D打印是如何实现的？

3D打印是一种以数字模型（3D设计文件）为基础，运用可黏合材料，通过3D打印机，以逐层打印的方式来构造物体的技术。

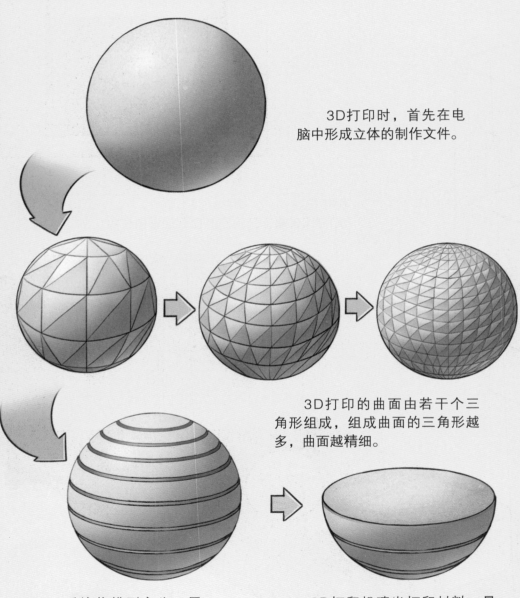

3D打印时，首先在电脑中形成立体的制作文件。

3D打印的曲面由若干个三角形组成，组成曲面的三角形越多，曲面越精细。

系统将模型变为一层一层的切片。

3D打印机喷出打印材料，最终形成立体的构件。

自助结账

还可以自助称重呢。

自助结账好方便，免得在收银台排队了。

还有家里的智能家居设备，都依靠了物联网技术。

可以说是将所有设备都接入互联网。

什么是物联网？和互联网有什么关系？

大概明白，又好像没明白。

41

什么是物联网?

物联网可以理解为将一切设备都接入互联网，让万物都成为网络的一部分，以进行数据的收集与共享，或远程控制。物联网一般分为四个层面。

④应用层使最终接入物联网的设备根据人类的需要进行运作。

❶感知层用于感知用户的需求和反馈。主要依靠传感器、扫码器、二维码等终端。

❷网络层是物联网的核心，设备可以通过有线或无线网络、蓝牙等接入互联网。

❸应用支撑层依托大数据、云计算等技术，为物联网的运用提供计算、存储等服务。

物联网的应用

大到金融服务、公共安全、电网监控，小到智能家居、无人售货，物联网已经深入日常，成为生活不可或缺的一部分。

供电服务

公共安全

互联网金融

医疗服务

物流服务

智能家居

气象服务

农业生产

更多领域

数字孪生

漫画剧场

里面的"数字生命"太酷啦!

好精彩的电影。

难道是数据构成的双胞胎?

电影里的"数字生命"就是现在"数字孪生"的未来。

思维真是跳跃啊。

那就用数字技术克隆一个我吧!

45

什么是数字孪生？

数字孪生就是在一定的设备和系统的基础上，创造一个数字版的"克隆体"，它是本体的动态仿真。

数字孪生最早应用于工业制造领域，可以构建产品的数字模型，对其进行仿真验证。

数字孪生技术可以形成虚拟建筑，直观地分析建筑的受力、抗震、抗风等性能。

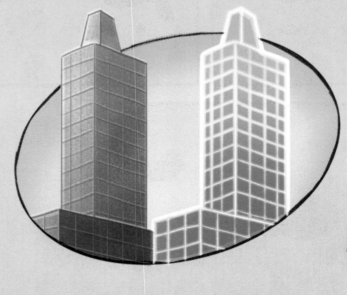

模拟城市的运作。数字孪生技术可以形成一座虚拟城市，让城市的管理和服务更加便捷。

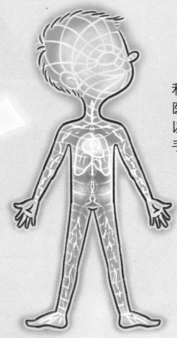

医疗领域不仅可以利用数字孪生技术实现医院的实时管理，还可以模拟手术过程，制订手术方案。

数字孪生的三个关键词

数字孪生有三个关键词：全生命周期、实时／准实时、双向。

全生命周期是指数字孪生可以贯穿产品的设计、开发、制造、维护、服务直到报废回收的全过程。

实时／准实时是指用户可以与数字孪生体实时交互。

双向是指本体和孪生体之间的数据流动可以是双向的。

和古人交流

漫画剧场

49

元宇宙的应用领域

元宇宙可以与真实世界交互，并在交互中改善人们的生活体验。元宇宙已经深入到生活的很多领域。

产业元宇宙

是数字世界和人工智能在现实世界的实体化，让数字世界成为现实世界的组成部分。

元宇宙游戏

以互联网为技术支撑，通过与虚拟现实、增强现实、5G、云计算等技术相结合搭建的游戏。

元宇宙社交

　　以自己的数字化身份，基于自己的兴趣，体验多样的沉浸式社交场景，在接近真实的体验中与数字化的友人进行交流。

元宇宙生活

　　让我们的生活和数字世界进行全面的无缝连接，人们以数字身份生活在数字世界里，人们的一切生活体验都成为数字世界的一部分。

元宇宙办公

　　通过互联网、5G、虚拟现实、增强现实等技术，把办公室搬到家里，居家就可以远程完成线上办公、线上会议等工作流程。

什么是元宇宙？

元宇宙可以理解为用数据构建的映射或者超越现实的宇宙，是电脑生成的一个虚拟世界。

元宇宙依靠数字孪生、增强现实、可穿戴设备等技术，形成虚实结合的世界。

元宇宙依靠人工智能技术生成虚拟的世界。

元宇宙计算功能的基础是云计算。

元宇宙依靠拓展现实、脑机接口等技术与人交流。

元宇宙的基础是移动通信技术。

元宇宙

数字孪生

人工智能

云计算

拓展现实

5G技术

去跑步

什么是可穿戴技术?

可穿戴技术是指把多媒体、传感器和无线通信等技术嵌入人们的衣物中的技术，可支持手势和眼动操作等多种交互方式。

智能眼镜可以通过语音、眼球活动或眨眼来控制，并通过接入互联网，拥有拍照、地图导航、与好友进行视频通话等功能。

智能眼镜

智能运动鞋

智能运动鞋通过感受人体压力，可以准确检测使用者的跑步姿势，并给出改进方案。

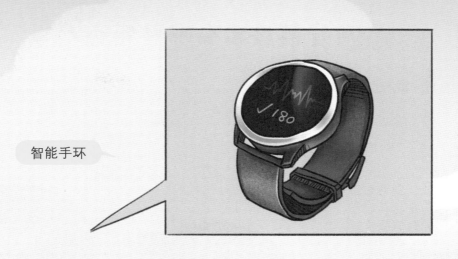

智能手环

智能手环 / 智能手表除了可以掌握时间外，还可以随时监测佩戴者的心率、血压、睡眠、运动状况等参数。

蓝牙耳机

蓝牙耳机将蓝牙技术应用在无线耳机上，不通过耳机线就可以收听和通话。

可穿戴技术有哪些特点?

可穿戴产品具有如下特点:

虚拟过山车

什么是虚拟现实技术?

"虚拟现实"技术简称VR技术，是利用计算机仿真系统模拟外界环境，并感知用户的反馈，为用户提供仿真体验的技术。虚拟现实技术的实现基于以下五大关键技术。

人机交互技术
用含有传感器的眼镜和控制手柄与用户实现交互。

传感器技术
虚拟现实系统依靠电磁传感器、红外传感器判断手柄等设备的位置改变。

三维图像实时刷新技术
　　显示的图像实时刷新，每秒刷新帧数越多，图像越清楚。

系统集成技术
　　将虚拟现实系统中的各种资源进行统一调度，解决系统之间的互联和可操作性问题。

动态环境建模技术
　　利用三维数据建立逼真的虚拟环境模型。

虚拟现实技术的应用

虚拟现实技术应用于工业制造、服务制造业的全流程。

在医疗行业：虚拟现实技术可以用在医疗教学仿真、手术方案制订等领域。

在教育教学领域：模仿实际环境，让受教育者直接与AI交流。

在房地产领域：客户可以利用虚拟现实技术查看户型和居住环境的仿真模拟。

另外，虚拟现实技术在军事、航空航天、城市规划等领域，都可以发挥重要的作用。